Einführung in die thomistische Metaphysik VI

Wesen und Existenz

Einführung in die thomistische Metaphysik VI

Wesen und Existenz

Miguel Grosso

Erstausgabe Oktober 2023
Copyright © 2023 Miguel Alberto Grosso
ISBN 9798863978659
grossomiguel2005@yahoo.com.ar
Unabhängige Veröffentlichung

Originaltitel: *Introducción a la Metafísica Tomista VI
Esencia y Existencia*
Autor: Miguel Grosso (2020)

INHALTSVERZEICHNIS

EINFÜHRUNG

Das wesentliche Unterscheidungsmerkmal der thomistischen Metaphysik im Vergleich zur aristotelischen Metaphysik manifestiert sich im Konzept der Existenz.

Während Aristoteles sich auf die Substanz (ousia) als Grundlage stützte, um das Sein zu ergründen, fußt der heilige Thomas auf dem Akt des Existierens *(esse)*, der, in Verbindung mit der Wesen *(essentia)*, dem Seienden die Fülle des Seins verleiht: die Existenz.

Der Schüler hat den Lehrmeister übertroffen –ein Phänomen von ewiger Gültigkeit, das sich auch in diesem Fall wiederholt. Es ist unbestreitbar, dass die Bedeutung dieses thomistischen Beitrags lange Zeit im Dunkeln lag. Die Kommentatoren von Aquin vermischten fälschlicherweise die Treue von Thomas bei der sorgfältigen Auslegung der Gedanken des Aristoteles mit einer blinden und irrtümlichen Nachahmung der Aussagen und Meinungen des Philosophen. Ebenso wurde der Einfluss des Neuplatonismus, der islamischen Philosophie und anderer früherer Scholastiker auf die intellektuelle Prägung von Aquin unterschätzt. Das Ergebnis war die Konstruktion eines zu stark von Aristoteles beeinflussten der Eingelhaften Doktor. In diesem intellektuellen Kontext entfaltet sich die Kontroverse über die reale Unterscheidung zwischen Wesen *(essentia)* und Existenz *(esse)*.

Eine Schlüsselrolle bei der Aufklärung dieses Sachverhalts spielte Étienne Gilson. Seine Quellenstudien und sein klares Urteilsvermögen ermöglichten dem Thomismus im 20. Jahrhundert nicht nur, seine Identität zu bewahren, sondern sie vielmehr neu zu entdecken.

In meinem Bemühen, die Entwicklung dieses Themas, das an sich komplex und verwirrend sein kann, klar und präzise darzulegen, war vor allem der Sprachgebrauch von entscheidender Bedeutung. Zum Beispiel die unabdingbare Unterscheidung zwischen dem Sein, betrachtet in formaler oder substantieller Ordnung, und dem Sein, betrachtet in

1

existenzieller Ordnung. Ebenso die Differenzierung zwischen der Form, die in zusammengesetzten Substanzen substantiell ist, und der Form, die in einfachen Substanzen essentiell ist. Es erweist sich als förderlich für das Verständnis, den Text parallel zur Lektüre von *De ente et essentia (Über das Seiende und das Wesen)* des engelhaften Doktors zu betrachten, ja, vielleicht sogar gleichzeitig zu lesen. In Kürze, ich habe mich bemüht, ihm Schritt für Schritt zu folgen, seine Aussagen zu verstehen und zu kommentieren. Es ist zutreffend, dass ich die logischen Aspekte des Werkes in den Hintergrund gerückt habe, um den metaphysischen Aspekten den Vorrang zu geben. Doch vorerst hielt ich es für angebracht, dies zu tun, wobei ich die klare Erläuterung über die gelehrte Darstellung stellte.

Abschließend möchte ich betonen, dass alles, was sich auf die Wesen *(essentia)* und Existenz *(esse)* in Bezug auf Gott bezieht, knapp skizziert wird, da der nächste Band dieses Werkes (oder vielleicht sogar die nächsten beiden Bände, ich habe noch keine Gewissheit) sich ausführlich damit auseinandersetzen wird.

1. DE ENTE ET ESSENTIA (ÜBER DAS SEIENDE UND DAS WESEN)

Das Thema von Wesen und Existenz erfordert eine Verweisung auf ein kleines Werk von Sankt Thomas, betitelt *De Ente et Essentia*, das uns unverzichtbare Seiten in dieser Angelegenheit bietet.[1]

Es handelt sich um eine Schrift aus seiner Jugend, und sie ist die erste von allen, die als authentisch bekannt und akzeptiert werden.

Nach den meisten Philologen und Forschern kann sie auf die Jahre 1250 bis 1253 datiert werden. Roland Gosselin, ein großer Kenner dieses Traktats, behauptet, dass er im Jahr 1254 in der Stadt Paris geschrieben wurde. Angesichts der Tatsache, dass Sankt Thomas zwischen den Jahren 1224-1225 geboren wurde, können wir daraus schließen, dass er etwa fünfundzwanzig bis dreißig Jahre alt war, als er es schrieb. **Dennoch ist alles, was die genaue Zeit, den Ort und die Umstände der Abfassung betrifft, umstritten.**

Es kann als ein rein philosophisches Werk betrachtet werden und ist als solches von erheblicher Bedeutung.[2] In ihr findet sich früh das gesamte Denken des Thomismus, das später in späteren Werken vervollkommnet und ausgearbeitet wird. Es ist daher nicht die vollständige Synthese seiner Philosophie.

Im Gegensatz zu anderen Werken des engelhaften Doktor ist es in Kapitel unterteilt. Sechs oder sieben, je nach Ausgabe. Sie werden von einer Einleitung eingeleitet. In älteren Katalogen trägt es auch den folgenden Titel: *De quidditate et esse*.

(...) (hat) die Besonderheit, dass sie für seine Brüder und Studienkollegen verfasst wurde. Dies lässt sich bereits aus der Widmung des Textes "ad fratres et socios" ableiten. Es handelte sich wahrscheinlich um Mitbrüder des Ordens, die nach Saint-Jacques (dem Dominikanerkloster an der

Universität von Paris) gekommen waren, um ihr höheres Studium zu absolvieren (...)[3]

Sankt Thomas, damals ein junger Anfänger im Lehramt an der Universität von Paris, schrieb es, um die Studenten und Theologieprofessoren philosophisch zu initiieren. Er glaubte an die Unmöglichkeit einer guten Theologie ohne eine solide philosophische Grundlage.

Die Abhandlung De ente et essentia ist das berühmteste der Traktate und zweifellos das einzige, das gründlich untersucht wurde. Tatsächlich kann man sagen, dass es wie ein Lehrbuch der Metaphysik des Seins ist.[4]

In diesem Werk wird der engelhafte Doktor von zwei wichtigen islamischen Philosophen beeinflusst: Al-Farabi und Avicenna.

Auch bei Thomas gibt es doktrinäre Entwicklungen. Es ist seltsam, dass dies bei der Frage, die uns betrifft (die Frage nach der Wesen und Existenz der Seienden), nicht der Fall ist. Der Beweis dafür findet sich in dem berühmten Traktat (...) De ente et essentia. (...). Es wurde anhand von Handschriften nachgewiesen, dass es im 15. Jahrhundert zusammen mit den beiden Summen ins Griechische übersetzt wurde. Zahlreiche Kommentare trugen dazu bei, seinen Ruhm über die Jahrhunderte hinweg zu festigen. **Quétif-Echard datierten die Zeit seiner Abfassung bereits auf die Zeit von Thomas von Aquin während seiner Lehrtätigkeit in Köln vor 1252 zurück.** *Es ist sicher, dass es vor 1256 geschrieben wurde und daher zweifellos zu den frühen Werken des Meisters gehört. Bereits in diesem Traktat legte Der engelhafte Doktor seine spätere Lehre über den grundlegenden Unterschied zwischen Gott und der Schöpfung und die Natur der geschaffenen geistigen Substanz mit derselben Terminologie, Präzision und Tiefe der Lehre dar. Als junger Gelehrter trat er bereits mit einer klaren und sicheren Sicht auf dieses so große und schwierige Problem auf.*[5]

Sankt Thomas verfolgt ein komplexes Ziel. Er verfolgt sowohl logische als auch metaphysische Zwecke.

*(...) kann man sagen, dass es zu einer hierarchischen Klassifikation der Seienden führt, die in einer aufsteigenden Reihenfolge der Einfachheit in materiellen Substanzen (die aus Materie und Form bestehen), spirituellen Substanzen (die nur aus Wesen und Existenz bestehen) und Gott (absolut einfach, bei dem Wesen und Existenz identisch sind) unterteilt sind. Trotz einiger Besonderheiten, die auf sein sehr frühes Datum zurückzuführen sind, gibt das "De ente et essentia" bereits perfekt die ständige Lehre von Sankt Thomas in diesem Bereich wieder.*₆

2. WESEN UND EXISTENZ IN ARISTOTELES

Aristoteles untersuchte den Begriff "Definition" unter mindestens zwei Gesichtspunkten.

Erstens die Definition als eine der vier Prädikabilien (Arten der Beziehung zwischen Subjekt und Prädikat), diejenige, die die Eigenschaft hat, wesentlich und konvertierbar zu sein. Für unsere Zwecke ist dieser Aspekt der Logik vorerst nicht relevant.

Zweitens die Definition als ein geistiger Prozess, durch den ein Mittelbegriff gefunden wird, der es ermöglicht zu wissen, was ein gegebenes Seiendes ist. Sie erforscht die Wesen, das heißt, das, was ein Seiendes zu dem macht, was es ist.

Aristoteles beschäftigte sich auch mit dem Begriff "Demonstration". In den *Analytica posteriora* I 24, 85b sagt er uns, dass es der Prozess ist, durch den die Prinzipien der Dinge offenbart werden.

Er betrachtet die Demonstration als einen überlegenen Prozess im Vergleich zur einfachen Definition. Diese begrenzt das Objekt, das geistig erfasst werden soll. Im Gegensatz dazu zeigt die Demonstration den "formalen" Ursprung, von dem das Objekt stammt.

Die aristotelische Theorie der Demonstration basiert daher auf der Suche nach den Gründen, warum etwas das ist, was es ist, und ermöglicht es auch, zu entdecken, dass die Sache nicht anders sein kann als das, was sie ist. Daher entspricht die Untersuchung der Demonstration der Untersuchung der Prinzipien der Wissenschaft, sowohl der gesamten Wissenschaft -in diesem Fall sind die Prinzipien allgemein gültige Axiome wie das des Widerspruchs und das des ausgeschlossenen Dritten- als auch der einzelnen Wissenschaften -in diesem Fall werden Hypothesen und Definitionen verwendet.[7]

In den *Analytica posteriora* Buch II Kapitel 7 stellt Aristoteles klar, dass sich die Definition auf die Wesen bezieht. Sie beweist jedoch nicht, dass das definierte Seiende in der Realität existiert. Die Definition gibt nur an, was das Seiende ist, kann aber nicht gleichzeitig beweisen, dass das definierte Seiende existiert.

Man kann also nicht durch dieselbe Argumentation sowohl wissen, was eine Sache ist, als auch ob die Sache ist oder existiert. In traditioneller Sprache ausgedrückt, ist das "Wesen" das Objekt der Definition, die "Existenz" das Objekt der Demonstration; die Wesen einer Sache unterscheidet sich daher von ihrer Existenz, da, wie Aristoteles sagt, "was der Mensch ist, eine Sache ist, und sein Sein eine andere."[8]

Die Demonstration ist in der Lage, die Existenz des Seienden und die Gründe dafür zu unterscheiden, warum das Seiende existiert. Die Definition hingegen betrifft die Wesen.

In Aristoteles ist nur das individuelle Seiende angemessen *ousia* oder Substanz. "Substanz" bedeutet die Zusammensetzung aus Materie und Form. Dies nennt er die **erste Substanz**.

Er erkennt jedoch auch eine Substanz an, die vom universellen Seienden ausgesagt wird. Diese ist nicht in einem eigentlichen Sinne, sondern nur in einem abgeleiteten und sekundären Sinn. Diese nennt er die **zweite Substanz**.

(...) Wenn Aristoteles von ersten oder zweiten Substanzen spricht, meint er nicht, dass sie in Bezug auf Natur, Würde oder Zeit so sind, sondern in Bezug auf uns.[9]

Um die Konzepte zu vertiefen: Die erste Substanz ist das individuell zurechenbare Subjekt. Peter, Johannes, dieser Tisch, dieser Stuhl... Die zweite Substanz ist das formale Element oder die spezifische Wesen, die dem universellen Begriff entspricht. Nämlich: Mensch, Tisch, Stuhl...

Aristoteles wurde zweifellos von der Beobachtung beeinflusst, dass Individuen sterben, während die Art weiterhin besteht. So sterben individuelle Pferde, aber die Natur der Pferde bleibt (spezifisch, wenn auch nicht numerisch) in der Serie oder Abfolge der individuellen Pferde bestehen. Und was für den Wissenschaftler von Bedeutung ist, ist diese Pferdenatur und nicht nur Schwarze Schönheit oder ein beliebiges anderes individuelles Pferd.[10]

Das wissenschaftliche Wissen zielt auf die zweite Substanz ab und erfordert daher eine Demonstration. Das einfache Wissen darüber, was eine Sache ist, zielt auf die erste Substanz ab und erfordert daher nur die Definition.

Tatsächlich bezeichnet Aristoteles die zweite Substanz als ein universelles Konzept, nämlich die Art oder die Gattung, in denen die erste Substanz enthalten ist. Peter als individuelles Individuum bildet die erste Substanz; Mensch oder Tier sind zweite Substanzen, das heißt, universelle Konzepte, die aus dem Einzelnen abgeleitet sind.[11]

In Aristoteles ist die Wesen die zweite Substanz, die in der ersten Substanz gefunden wird. Sie ist das "Was" der ersten Substanz. Was die erste Substanz ist. Was die erste Substanz zu dem macht, was sie ist. Oder wir können auch korrekterweise sagen, was die Substanz zu dem macht, was sie ist.

Die Existenz hängt wiederum vom individuellen Seienden (erste Substanz) und folglich von der Wesen (zweite Substanz) ab. Die Existenz sagt mir, dass das Seiende in der Wirklichkeit außerhalb des Geistes existiert. Die Existenz sagt mir, dass das Seiende in Akt ist. **Für Aristoteles ist die Unterscheidung zwischen Wesen und Existenz eine logische Unterscheidung**.

Die Substanz ist in erster Linie das, was existiert, aber das, was existiert, existiert aufgrund von etwas, das ihre Wesen ausmacht. Etwas über die Substanz zu sagen, das Substrat zu definieren, ist, es zu definieren; von der

Substanz wird jedoch die Wesen prädiziert, das, was Existenz ist, worin sie besteht, ihr "Was" (...) oder das Akzidens, das, was ist, aber auf akzidentielle Weise. Die Wesen befindet sich in der Substanz, weil sie das ist, was die Substanz zu einem "Was", zu einem "Etwas, das ist", zu einem objektiven Gegenstand des Wissens macht, denn nur die Definition, die Untersuchung der Wesen, ist Wissen.[12]

Die Definition sagt mir, was eine Sache ist, kann aber nicht sagen, dass die definierte Sache in der Realität existiert. Dass die Sache existiert, muss nicht in der Definition enthalten sein. Nur die Demonstration kann mir helfen, die Existenz des Seienden zu beweisen. Dass das Seiende ist, ist offensichtlich für meinen Verstand. Es bedarf keines Beweises. Dass es existiert, ist nicht offensichtlich. Es muss bewiesen werden. Einige Autoren (z.B. Manser, Raeymaeker) behaupten, dass es in Aristoteles eine Annahme gibt, dass die Existenz eines Seienden nicht bewiesen werden sollte. Diese Annahme lautet wie folgt: Die Existenz des Seienden ist seine Wesen. Die Wesen selbst ist seine Existenz. Wesen und Existenz sind dasselbe. Andere (z.B. Gilson, Fabro) lehnen dies ab. Es gibt keine Übereinstimmung in dieser Angelegenheit. Wir werden später sehen, dass dies zu akzeptieren bedeuten würde, dass Aristoteles, anders als wir glauben, eine echte Unterscheidung (wie später Sankt Thomas argumentieren wird) zwischen Wesen und Existenz annimmt und nicht nur eine logische Unterscheidung.

Aristoteles unterscheidet nur zwischen dem, was eine Sache ist, allgemein als "Wesen" bezeichnet, und der Tatsache, dass diese Sache tatsächlich existiert. Im Grunde genommen erkennt Aristoteles mehr als eine Unterscheidung zwischen dem Wesen und der Existenz einer Sache; er erkennt, dass die Existenz der Sache selbst weder aus noch durch ihre Definition folgt, wie Gilson treffend bemerkt (...).[13]

Aristoteles geht nicht auf die Existenz ein. Einige glauben sogar, dass er das Thema überhaupt nicht behandelt hat. Er bleibt bei der *ousia* stehen. Diese aristotelische *ousia* oder Substanz ist das, was sie ist. Sie ist kein Akzidens. Es ist ein Wesen, das in sich selbst das Notwendige besitzt, um zu existieren und den Akzidentien, von denen sie betroffen ist, Existenz zu verleihen. Zusammenfassend: Aristoteles postuliert eine rein logische Unterscheidung zwischen Wesen und Existenz.

(...) wo er scheinbar seine Vorstellung von "ousia" zusammenfasst; er behauptet, dass "es dasselbe ist, einen Menschen zu nennen und Mensch zu sein, wie Mensch zu sagen" (Metaphysik IV, 2; 1003b; zitierte Ausgabe, S. 154). Damit sind wir darüber informiert, dass die Wesen, die Einheit und die Existenz eines Seienden dasselbe sind; oder anders ausgedrückt, dass die "ousia" ein monolithischer Block ist, in dem das Sein, das Sein eines bestimmten Seienden und die Tatsache des Seins oder der Existenz alles dasselbe sind.[14]

3. DIE ISLAMISCHE PHILOSOPHIE

Wir wissen, dass die aristotelische Sichtweise wesentlich war und den Akt des Seins *(esse)* oder des Existierens nicht vom Wesen *(essentia)* des Seienden *(ens-ente)* unterschied.

Wenn die Form letztendlich das letzte Element des Realen bestimmt, ist die Substanz in der Form im eigentlichen Sinne, und das Seiende wird durch die Form definiert, was zu einer Ontologie führt, in der die Wesen überwiegt, eine "Ontologie der Wesen". Daher bedeutet die Behauptung, dass das Sein (esse) sich wie ein Akt verhält, sogar in Bezug auf die Form (...), die radikale Vorrangstellung des Existenz über das Wesen zu behaupten.[15]

Die mittelalterliche islamische Welt, die begierig das Studium von Aristoteles aufnahm, wird die Unterscheidung präzisieren und eine fruchtbare Entwicklung dieser Lehre vollenden.

Die Bedeutung der islamischen Philosophie ist entscheidend für das westliche metaphysische Denken. Es sei jedoch daran erinnert, dass sie eine der Quellen war, durch die das aristotelische Denken in die Christenheit eingeführt wurde.

Die Doktrin der Schöpfung, wie sie im Koran ausdrücklich festgelegt ist, führte zur Idee der Kontingenz: Geschaffene Wesen können sein oder nicht sein. Ihre Existenz wird verliehen, und sie besitzen sie nicht von Natur aus; daher sind sie kontingent. Diese These, in Verbindung mit der logischen Beobachtung von Aristoteles, dass die Vorstellung dessen, was eine Sache ist, nicht die Tatsache ihrer Existenz einschließt, ermöglichte es den muslimischen Philosophen, die Unterscheidung zwischen Wesen und Existenz technisch zu formulieren.[16]

Die thomistische Lehre vom Wesen und der Existenz wurde von der islamischen Philosophie in ihrer Lektüre von Aristoteles beeinflusst. In diesem Sinne sind die Namen von **Al-Farabi** und **Avicenna** besonders hervorzuheben. Wir werden auch auf **Averroes** eingehen, nicht weil er das Denken des Aquinaten geprägt hat, sondern weil er der intellektuelle Mentor seiner Gegner war. Alle drei haben klare Positionen zu unserem Thema.

Al-Farabi

Muḥammad ibn Muḥammad Abū Naṣr Al-Fārābī (auch zitiert als Abu Nasr Muhammad ibn Muhammad ibn Ūzalāgh ibn Tarkhān), besser bekannt im Westen als *Farabius*, Al-Farabi, Farabi, Abunaser Alpharabius, Avennasar oder Alfarabi.

Er lebte etwa von 870 bis 950. Er wurde in Farab, Transoxanien, dem heutigen Usbekistan, geboren und starb in Damaskus, Syrien.

Er studierte in Chorasan (Iran) und zog später nach Bagdad. Hier hatte er christliche syrische Lehrer, die gut mit der griechischen Philosophie vertraut waren. Er nahm auch an den Vorlesungen des christlichen Arztes Yuhanna ibn Haylan teil und war Mitstudent des ebenfalls christlichen Abu Bisr Matta, einem Übersetzer von Aristoteles.

Es ist bekannt, dass er auch Mathematik und Musik studierte, wobei er einer der bedeutendsten mittelalterlichen Musiktheoretiker war. Ab 920 widmete er sich der Lehre in Bagdad und ließ sich 942 in Aleppo nieder.

Maimonides und Averroes nannten ihn "zweiten Lehrer" in Bezug auf Aristoteles (der "erste Lehrer").

Al-Farabi half, die islamische Welt mit der Philosophie von Aristoteles vertraut zu machen.

Ein Philosoph, der sich mit den griechischen Texten von Platon und Aristoteles beschäftigte, die er für die wichtigsten Philosophen hielt, und mit denen er "eine Konkordanz [...] versuchte, die ihm nicht schwer fiel, denn [...] die Araber schrieben dem Stagiriten mehrere Werke neuplatonischen Charakters zu" (Saranyana, 1985: 156), so dass sein Werk stark von der griechischen Tradition geprägt ist.[17]

Er machte die Philosophie zu einem getrennten Bereich von der Theologie. Damit wollte er sie nicht ersetzen oder untergraben, sondern die Vernunft in ihren Dienst stellen. Daher sollte es nicht überraschen, dass seine Philosophie religiös ausgerichtet war.

(...) Die Kombination (die Al-Farabi in seiner Philosophie macht) der aristotelischen, platonischen und später neuplatonischen Elemente ist einerseits die Zusammenführung aller Überlegungen, die eine philosophische Grundlage für das Dogma bieten können, und andererseits die Zusammenfassung des antiken Denkens in einer Einheit, die alle zufälligen Abweichungen beseitigen soll. In diesem Sinne ist Al-Farabi nicht nur ein Vorläufer des späteren arabischen Denkens, sondern auch vieler Merkmale, die später im christlichen Denken des Mittelalters mit großer Kraft entwickelt werden.[18]

Er verwendete aristotelische Argumente, um die Existenz Gottes zu beweisen.

So argumentierte er beispielsweise auf der Annahme, dass die Dinge in der Welt passiv bewegt werden, eine Idee, die perfekt zur islamischen Theologie passte, dass sie ihre Bewegung von einem Ersten Beweger, Gott, erhalten müssen.[19]

Er behauptete, dass die Dinge in dieser Welt kontingent sind: **Ihre Wesen implizieren nicht ihre Existenz**. Dies zeigt sich darin, dass sie anfangen zu sein und zu vergehen. Daher haben die Dinge ihre Existenz von etwas oder jemandem erhalten. Er schloss daraus, dass ein Sein anerkannt werden muss, das wesentlich und notwendigerweise existiert und die Ursache für die Existenz aller kontingenten Seins ist. Offensichtlich bezieht er sich auf Gott.

Auf der Suche nach einem Kriterium, um zwischen Gott und den geschaffenen Sein zu unterscheiden, bemerkte er, dass Gott ungeursacht ist, während die anderen erschaffen sind; dass Gott notwendig ist, während die anderen kontingent sind. Der wesentliche Unterschied zwischen ihnen besteht genau darin, wie ihre Existenz zu ihren jeweiligen Wesen gehört. Bei kontingenten Sein ist die Existenz etwas Akzidentelles.[20]

Der neuplatonische Einfluss in seinem System ist offensichtlich.

Er behauptete, dass materielle Seiende aus Materie und Form bestehen.
Der Rationalismus von Al-Farabi wurde vom persischen Philosophen Al-Ghazali heftig kritisiert. Wie dem auch sei, er ebnete den Weg, dem später Avicenna und Averroes erfolgreich folgen würden.

Unter seinen Werken sind hervorzuheben: "Katalog der Wissenschaften", "Abhandlung über die Bedeutungen des Begriffs 'Verstand'", "Antworten auf die gestellten Fragen", "Kompendium über das, was man vor dem Studium der Philosophie wissen sollte", "Die grundlegenden Probleme", "Buch der Warnung vor dem Heil", "Buch der Übereinstimmungen zwischen der Philosophie der beiden Weisen, des göttlichen Plato und Aristoteles", usw.

Avicenna

Abū ʿAlī al-Husayn ibn ʿAbd Allāh ibn Sinā, auch bekannt als Abū ʿAlī Ibn Sinā oder Avicenna (latinisierter Name), wurde etwa im Jahr 980 in Afshana, Provinz Khorasan, Transoxanien, dem heutigen Usbekistan, geboren. Er starb im Jahr 1037 in Hamadan, einer Stadt im Westen des Irans.

Er ist der wahre Schöpfer eines scholastischen Systems in der islamischen Welt. Von seinen Schülern "der Dritte Lehrer" genannt, nach Aristoteles und Al-Farabi. Seine intellektuellen Interessen erstreckten sich über ein breites Spektrum des Wissens: Philosophie, Logik, Mathematik, Theologie, Recht und Medizin.

Es wurde von einem "Lateinischer Avicennismus" gesprochen. Gilson sprach von einem "avicenistischen Augustinismus", der bei verschiedenen Autoren (zum Beispiel bei Heinrich von Gent) offensichtlich ist. Nach A.-M. Goichon kann man drei Phasen im Einfluss von Avicenna unterscheiden: 1-Von der Zeit der ersten Übersetzungen von Aristoteles (ca. 1130) bis zur Reaktion von Wilhelm von Auvergne (etwa 1230); 2-Vom päpstlichen Dekret von 1231, das das Studium von Aristoteles (und damit seiner Kommentatoren) erlaubte, bis zu den Zusammenstellungen von Albertus Magnus (etwa 1250); 3-Ab 1253 - dem Erscheinungsdatum von "De ente et essentia" von Thomas von Aquin - bis zur Fertigstellung der thomistischen Synthese. Ab diesen letzten Daten wurde der Einfluss von Avicenna vor allem durch die Kommentatoren des Aquinaten ausgeübt.[21]

Obwohl seine Metaphysik sowohl von Aristoteles als auch vom Neuplatonismus beeinflusst ist, zeigt sie eigene Merkmale.

Zum Beispiel verwendet Avicenna, obwohl er wie Aristoteles die Metaphysik dem Studium des Seins als Sein zuordnet, eine nicht-aristotelische Illustration, um zu zeigen, dass der Verstand notwendigerweise die Idee des Seins erfasst, obwohl sie normalerweise durch Erfahrung erworben wird. Stellen wir uns einen plötzlich erschaffenen Menschen vor, der weder sehen noch hören kann, im Raum schwebt und dessen Glieder so angeordnet sind, dass sie sich nicht berühren können. Angenommen, dieser Mensch kann seine Sinne nicht benutzen und die Vorstellung vom Sein nicht durch Sehen oder Tasten erlangen. Wird er deshalb unfähig sein, die Vorstellung vom Sein zu bilden? Nein, denn er wird sich seiner eigenen Existenz bewusst sein und sie bestätigen, so dass er, obwohl er die Vorstellung vom Sein nicht durch äußere Erfahrung erwerben kann, sie zumindest durch Selbstbewusstsein erlangen wird.[22]

Die Wesen eines Seienden impliziert nicht notwendigerweise seine Existenz. Er beweist die Notwendigkeit eines unverursachten Ersturache.

Dieses unverursachte Sein, das notwendige Sein, kann seine Wesen nicht von einem anderen erhalten, und seine Existenz kann nicht Teil seines Wesens sein, da die Zusammensetzung in Teile eine vorherige vereinigende Ursache voraussetzen würde: Das Wesen und die Existenz müssen daher im notwendigen Sein identisch sein.[23]

Er unterscheidet daher zwischen kontingenten oder möglichen Sein und dem notwendigen Sein. Während Erstere nicht von sich aus notwendig sind, sondern (verursacht) durch ein anderes notwendig sind, ist das Notwendige Sein von sich aus notwendig (unverursacht). Daher hat das Konzept des "Seins", wenn es auf das notwendige oder das kontingente Sein angewandt wird, nicht die gleiche Bedeutung. "Sein" entspricht dem Notwendigen Sein, während es von den kontingenten Sein nur sekundär und analog verwendet wird.

Avicenna argumentiert, dass Gott sich durch die Vereinigung der Begriffe Existenz und Wesen auszeichnet, da er als Schöpfer die einzige Sein ist, die diese Einheit besitzt, während bei getrennten Konzepten von Existenz und Wesen von einem möglichen Wesen die Rede ist.[24]

Abschließend kann festgehalten werden, dass:

1-Wesen und Existenz sind im Notwendigen Sein oder Gott identisch, aber sie sind bei den kontingenten oder möglichen Sein unterschiedlich.

2-Die Annahme eines nicht existierenden notwendigen Seins führt zu Widersprüchen. Das kontingente oder mögliche Sein kann als existent oder nicht existent angenommen werden, ohne Widersprüche zu verursachen.

3-Das notwendige Sein ist notwendigerweise existent. Das kontingente oder mögliche Sein kann existieren oder nicht existieren.

4-Ein unmögliches Sein kann nicht existieren, da unser Geist das Unmögliche nicht erfassen kann.

5-Das kontingente oder mögliche Sein kann existieren oder nicht existieren. Um zu existieren, benötigt es eine externe Ursache, nämlich das Notwendige Sein.

6-Alle kontingenten oder möglichen Sein besitzen ein Wesen, aber nicht unbedingt eine Existenz. Die Existenz wird ihnen von einem anderen Agenten (dem notwendigen Sein oder Gott) verliehen. In diesem Sinne wird die Existenz möglicher oder kontingenter Sein immer ein Akzidens sein, das ihnen zustößt.

(...) Weder er noch seine Interpreten unterschieden zwischen Wesen und Existenz, wie es später der heilige Thomas von Aquin tat, aber seine Philosophie, die von Grund auf essenzialistisch ist, war der Ausgangspunkt für die vielleicht essenzialistischste Philosophie der Geschichte: die des Johannes Duns Scotus.[25]

In Bezug auf die Unterscheidung zwischen Notwendigem und Kontingentem steht die Unterscheidung zwischen Akt und Potenz. In dieser Hinsicht entwickelt er die aristotelische Lehre weiter, ohne jedoch den Begriff "reiner Akt" zu verwenden.

Da Gott absolute Güte ist, neigt er notwendigerweise dazu, seine Güte zu verbreiten, auszustrahlen, und das bedeutet, dass Gott notwendigerweise erschafft. Da Gott das notwendige Sein ist, müssen alle seine Attribute notwendig sein. Er ist daher notwendigerweise ein Schöpfer.[26]

Zu seinen Werken gehören "Heilung", "Erlösung", "Buch der Theoreme und Hinweise zur Logik und Weisheit", "Kompendium der Definitionen", "Aufteilung der intellektuellen Wissenschaften", "Logik der Orientalen", usw.

Averroes

Abū l-Walīd Muhammad ibn Ahmad ibn Muḥammad ibn Rušd oder Ibn Rusd oder Muhammad ibn Ahmad ibn Muhammad ibn Rushd, besser bekannt unter dem latinisierten Namen *Averroes*, wurde am 14. April 1126 in Córdoba, Spanien, geboren und starb am 17. Dezember 1198 in Marokko. Er wird als der bedeutendste der islamischen Philosophen betrachtet. Er wurde auch als "Der Kommentator" bezeichnet, obwohl ihn der heilige Thomas von Aquin einmal als "Der Verfälscher" bezeichnete, da er glaubte, dass er die wahre aristotelische Doktrin verfälscht habe.

Er studierte Theologie, Recht, Medizin, Mathematik und Philosophie. Er hatte auch Richterämter inne und war ab 1182 der offizielle Leibarzt des Kalifen. Später geriet er in Ungnade und wurde vom Hof verbannt. Er war der herausragende Kommentator von Aristoteles und bemühte sich, das ursprüngliche Denken von Aristoteles wiederherzustellen und von den Verzerrungen zu reinigen, die sich in der islamischen Tradition angesammelt hatten.

Er kritisierte Avicenna heftig und betrachtete ihn als Abweichler von der wahren Philosophie, insbesondere von der griechischen Philosophie und insbesondere von Aristoteles. Er sagte, dass Avicenna sich als Philosoph ausgab, aber wie ein Theologe sprach. Er glaubte, dass sowohl Avicenna als auch Al-Farabi neuplatonische Tendenzen hatten.

Er präsentierte die Lehre des Stagiriten und fügte Kommentare und Erklärungen hinzu. In einigen Fällen ist es nicht leicht zu unterscheiden, was von Aristoteles stammt und was ihm eigen ist. Er kümmerte sich um die Beziehung zwischen Philosophie und Religion. Seine Hingabe an die Logik und die Philosophie des Stagiriten war so groß, dass er zum Beispiel die Ewigkeit der Materie akzeptierte, was im Widerspruch zu seiner Religion stand. Diese intellektuelle Haltung brachte ihn in ernsthafte Schwierigkeiten.

Averroes musste zwangsläufig eine Versöhnung seiner philosophischen Ideen mit der orthodoxen islamischen Theologie anstreben, insbesondere wenn es Menschen gab, die ihn wegen seiner Verehrung eines heidnischen Autors der Ketzerei beschuldigen wollten.[27]

Er prägte die Lehre von der "doppelten Wahrheit". Nach dieser Lehre ist eine Wahrheit in Theologie und Philosophie immer dieselbe. Aber in der Philosophie wird sie klarer verstanden und wissenschaftlich formuliert. In der Theologie hingegen wird dieselbe Wahrheit allegorisch ausgedrückt. Es ist keine andere Wahrheit, sie wird einfach auf unterschiedliche Weise ausgedrückt. Natürlich war dies für orthodoxe islamische Theologen inakzeptabel.

Es war jedoch nicht die absurde Idee, dass eine Aussage in der Philosophie wahr sein könne und die diametral entgegengesetzte Aussage in der Theologie ebenfalls wahr sein könne. Was Averroes tat, war, die Theologie der Philosophie unterzuordnen und diese zur Richterin der Theologie zu machen. Es lag also in der Verantwortung des Philosophen zu entscheiden, welche theologischen Doktrinen allegorisch interpretiert werden müssen und wie sie interpretiert werden müssen.[28]

Er kritisierte Avicenna dafür, die Existenz als ein Akzidens der Wesen betrachtet zu haben. Er betonte, dass Wesen, die so konzipiert sind, mit bedingter Existenz, einfache mögliche Wesen sind. Für ihn benötigt das Wirkliche nichts anderes als seine eigene Wirklichkeit, um zu existieren. Er entwickelte seine Lehre von der Existenz in Werken wie "Die Inkoherenz der Inkoherenz", "Die Inkoherenz der Philosophen" und auch in seinen Kommentaren zu Aristoteles, insbesondere zur "Metaphysik".

In der aristotelischen Tradition wird die Existenz als das bezeichnet, was der Akt des Wesens oder der Substanz ist. Daher ist die Existenz der Modus des Wesens. Mit anderen Worten, sie ist nicht das Wesen selbst, noch ein Teil des Wesens (weder Materie noch Form) noch etwas von der wesentlichen oder substantiellen Zusammensetzung. Manchmal wurde sie als etwas Substantielles betrachtet (Averroes) und manchmal als etwas Akzidentelles (Avicenna).[29]

Sein Einfluss auf das Christentum des 13. Jahrhunderts war enorm. Er gab Anlass zu einer Schule, deren bekannteste Figur der berühmte Gegner von Sankt Thomas, **Siger von Brabant** (1240-1285), war. Sie wurden als "integrale Aristoteles-Anhänger" oder einfach als "Averroisten" bezeichnet. Obwohl sie sich selbst als Aristoteles-Anhänger und nicht als Averroisten betrachteten, führten die Konsequenzen ihres kritiklosen Aristotelismus in der Theologie zu heterodoxen Ansichten. Sie forderten offen das christliche Dogma heraus.

Unter seinen Werken, abgesehen von den bereits erwähnten, können folgende genannt werden: "Widerlegung der Widerlegung", "Über die Harmonie zwischen Religion und Philosophie", "*De substantia orbis*", "Buch der Allgemeinheiten der Medizin", usw.

4. DIE THOMISTISCHE WESENSDEFINITION

Sankt Thomas sagt in der Einleitung zu *De ente et essentia*, dass das Prinzip, von dem die Intelligenz ausgeht, um die Wahrheit zu erforschen, genau das Seiende *(ens-ente)* und die Wesen *(essentia)* sind. Unser Wissen beginnt mit der sinnlichen Wahrnehmung des Seiende und erreicht seinen Höhepunkt im Verstehen, das es in seinem Wesen erfasst.

(...) wie Avicenna am Anfang seiner Metaphysik sagt, sind das Seiende und die Wesen das Erste, was der Intellekt erfasst.[30]

Das Zitat von Avicenna, das der Engelsdoktor überträgt, stammt aus seinem Werk *Metaphysik*, Buch I, Kapitel 6. Es kann auch auf verschiedene andere Arten übersetzt werden, die es uns ermöglichen, die Idee noch besser zu verstehen:

(...) das Seiende und die Wesen sind die ersten Begriffe des Verstandes.

Oder,

Das Seiende und die Wesen sind die Konzepte, die zuerst vom Verstand erfasst werden.

Sankt Thomas betrachtet, dass wir vom Seiende ausgehen müssen, um zur Wesen zu gelangen. Wir müssen es verstehen, um die Wesen zu begreifen.

(...) wir müssen die Erkenntnis des Einfachen von der des Zusammengesetzten akzeptieren und von dem späteren zum früheren fortschreiten, damit das Lernen für die Anfänger bequemer wird. Daher müssen wir vom Sinn des Seienden zum Sinn der Wesen fortschreiten.[31]

Er lehrt in *De veritate*:

Jetzt, wie Avicenna sagt, ist das, was der Intellekt zuerst als, in gewisser Weise, das Offensichtlichste erfasst und zu dem er alle seine Konzepte reduziert, das Seiende. Folglich werden alle anderen Konzepte des Intellekts durch Hinzufügungen zum Seienden erhalten. Aber nichts kann dem Seienden hinzugefügt werden, als ob es etwas wäre, das nicht im Seienden enthalten wäre - so wie eine Differenz zu einer Gattung oder ein Akzidens zu einem Subjekt hinzugefügt wird - denn jede Realität ist im Wesentlichen ein Seiendes. Der Philosoph hat dies gezeigt, indem er bewiesen hat, dass das Seiende keine Gattung sein kann.[32]

Und in der *Summa Theologica* betont er:

Jetzt ist das erste, was vom Intellekt erfasst wird, das Seiende; denn alles ist nur insoweit erkennbar, wie es in Aktualität ist.[33]

Aus dem Proömium zu *De ente et essentia* ergeben sich die folgenden grundlegenden Prinzipien der thomistischen Metaphysik:

1-Das Einfachste und Erste in der Ordnung des Wissens (das Seiende und die Wesen) ist das Letzte und Komplexeste in der Ordnung des Seins. Und das Einfachste und Erste in der Ordnung des Seins (einfache Substanzen: Gott, Engel und menschliche Seele) ist das Letzte und Komplexeste in der Ordnung des Wissens.

2-Vom Wissen über die besonderen Seienden steigen wir zum Wissen über die Allgemeinen auf.

3-Vom Wissen über die zusammengesetzten Substanzen steigen wir zum Wissen über die einfachen auf.

4-Vom Wissen über die vorherigen Seienden steigen wir zum Wissen über die nachfolgenden auf.

All dies ermöglicht es ihm, eine Methode zu bekräftigen: Um das Verständnis der Wesen zu erreichen, ist es notwendig, vom Seienden auszugehen. Das bedeutet: Vom Sinn des Seienden zum Sinn der Wesen zu gelangen.

Seinde und Wesen sind die ersten beiden Begriffe des Verstandes. Dies bedeutet nicht, dass diese beiden Begriffe im Zeitverlauf explizit gebildet werden, bevor andere, sondern sie werden als vorausgesetzt für alle anderen Begriffe analysiert, ohne selbst wiederum andere vorauszusetzen.[34]

Aristoteles hatte bereits in seiner *Metaphysik* im siebten Buch darauf hingewiesen, dass *das Seiende auf vielfältige Weisen ausgedrückt wird.* Doch das Seiende an sich selbst, in seinem eigentlichen und universellen Sinn, wie es der engelhafte Doktor im Kapitel I *ab initio* des *De ente et essentia* erklärt und uns auf Aristoteles in seiner *Metaphysik*, Buch V, verweist, wird auf zwei Arten ausgedrückt, nämlich:[35]

Erste Art: Die zehn Kategorien -die Substanz und die neun
Akzidenzien

Zweite Art: Die Wahrheit der Aussagen

Der Unterschied zwischen der ersten und der zweiten Art besteht darin, dass bei der zweiten Art alles, worüber eine Aussage, sei sie positiv oder negativ, gebildet werden kann, als **Seiendes** bezeichnet werden kann, auch wenn es in Wirklichkeit nicht extramental existiert. Zum Beispiel: Privationen und Negationen. So sagen wir, dass die Behauptung der Negation gegenübersteht und dass die Blindheit im Auge ist. Oder einfacher ausgedrückt: Ich kann eine der beiden Aussagen machen: Die Bosheit ist; die Blindheit ist. Aber konkret haben keine dieser Seienden - Bosheit und Blindheit - tatsächlich Existenz in der Realität: Bosheit ist die Negation von Güte und Blindheit ist der Mangel an Sehkraft. Sie sind keine Substanzen oder Akzidenzien. Sie sind Seiende der Vernunft.

Im Gegensatz dazu kann nach der ersten Art nur das als Seiendes bezeichnet werden, was etwas in der extramentalen Realität ausmacht.

Daher sind Blindheit und ihre Ähnlichen nach der ersten Art keine Seienden.

Diese Unterscheidung ist wichtig, um die Bedeutung des Begriffs "Wesen" zu erfassen. Wesen wird nicht aus dem Seienden verstanden im Sinne des zweiten Modus, sondern im Sinne des ersten.

(...) "Wesen" leitet sich nicht von "Seiende" in seinem zweiten Sinne ab, denn sonst könnten Dinge ohne Wesen, wie es bei den Privationen der Fall ist, als Seiende bezeichnet werden. Stattdessen leitet sich der Begriff "Wesen" von "Seiende" in seinem ersten Sinn ab. Daher sagt der Kommentator (Averroes) in besagter Passage, dass "Seiende" in seinem ersten Sinn das bedeutet, was die Wesen der Sache ausmacht. Und da, wie bereits gesagt, das Seiende in zehn Gattungen (bezogen auf die zehn Kategorien) unterteilt ist, muss das Wesen etwas Gemeinsames für alle Seienden bedeuten, durch das die verschiedenen Seienden in verschiedene Gattungen und Arten eingeteilt werden.[36]

Daher kann nur von dem Wesen gesprochen werden, wenn es um Substanzen und Akzidenzien geht. Außerhalb dieser Fälle gibt es kein Wesen.

Das lateinische Wort *essentia* leitet sich vom Verb *esse* ab (das sowohl als **sein** als auch als **existieren** übersetzt werden kann). Cicero gesteht, dass es für ihn wie ein neues Wort klingt. Boethius übernimmt es. In der mittelalterlichen Zeit wird seine Verwendung weit verbreitet und es wird in romanische Sprachen übertragen.

Das Wesen wird auf unterschiedliche Weisen ausgesagt:

1-Wesen als das, woraus ein Seiendes in seiner eigenen Gattung oder Art besteht. Das, was durch die Definition ausgedrückt wird. Das, was jedes Seiende ist, das *quid* des Seienden. Daher kann es auch als **Quiddität** bezeichnet werden. Die Wesen als Quiddität ist die definierte Wesen. Sie ist die durch das Wort ausgedrückte Wesen. Und sie beantwortet die Frage: *¿Quid est res?* Was ist die Sache?

Dies ist das, was der Philosoph[37] oft mit dem Ausdruck "was das Sein war" (quod quid erat esse) meint, das heißt, das, wodurch etwas das Sein hat, das es hat.[38]

2-Wesen als die Natur des Seienden. Und dies in zweifacher Hinsicht:

2.1-Natur als alles, was in gewisser Weise vom Verstand erfasst werden kann. Dies ist eine der vier Bedeutungen, in denen Boethius den Begriff in seinem Werk *De persona et duabus naturis* ("Über Person und zwei Naturen") c.l (ML 64,1341B) verwendet hat.

2.2-Natur als die charakteristische Neigung des Seienden, seine eigenen Operationen auszuführen.

Die Natur ist das Wesen oder die Form der Substanz, als Prinzip ihrer Operationen.[39]

Das Wesen wäre die Substanz in einem dynamischen Sinne. Die eigentliche Natur wäre die Substanz in einem statischen Sinn.

3-Wesen als Form. Das Wesen eines jeden Seienden wird durch die Form ausgedrückt, denn die Form impliziert Unterscheidung. Die Form gibt der Substanz das Sein und aktualisiert die Materie. Durch die Form wird die Gewissheit jeder Sache ausgedrückt: dass die Sache ist. Wie Avicenna in seiner *Metaphysik* im Buch II, Kapitel 6, feststellt:

(...) jedes gezählte Ding hat seine eigene Gewissheit und seine eigene Form, die von der Seele erdacht wird, und dieselbe Gewissheit ist seine Einheit, durch die es ist, was es ist.[40]

In welcher Weise auch immer, die Wesen ist das Prinzip, durch das und in dem das Seiende das Sein hat; aber nicht irgendein Sein, sondern ein bestimmtes definiertes Sein, das es zu einem bestimmten Seienden macht: ein Sein von einer bestimmten Natur und keiner anderen. Die Wesen verweist auf das Seiende, und das Seiende verweist auf das Sein.

Es ist wahr, dass das Seiende auf viele Arten ausgesagt wird. Aber in absoluter und primärer Weise wird von der Substanz gesprochen. Die Primaz des Seienden gehört der Substanz. In diesem Punkt folgt der Aquinate Aristoteles, der bereits in der *Metaphysik* im siebten Buch, Kapitel 1, 1028a 32 darauf hingewiesen hatte, dass *das Erste in vielerlei Hinsicht ausgesagt wird, aber in allem ist die Substanz das Erste, sei es im Konzept, im Wissen oder in der Zeit.*

Sekundär und in gewisser Weise wird das Seiende von den Akzidenzien ausgesagt.

Aus dem Gesagten schließt der engelhafte Doktor, dass die Wesen in Wahrheit und Eigentlichkeit in den Substanzen vorhanden ist. In gewisser Weise und in bestimmter Hinsicht gilt dies auch für die Akzidenzien. Ebenso tritt die Wesen sowohl in den zusammengesetzten Substanzen (die Materie und Form haben) als auch in den einfachen Substanzen (die nur Form haben) auf. Aber ihre Präsenz ist in den einfachen Substanzen wahrer und edler als in den zusammengesetzten. Dies liegt daran, dass einfache Substanzen ein edleres Sein haben und Ursache (**in jedem Fall ist Gott - die einfache erste Substanz - die erste Ursache**) der zusammengesetzten Substanzen sind.

Und wie wir zu Beginn des Kapitels dargelegt haben, sind die zusammengesetzten Substanzen, die in der Ordnung des Wissens vor, aber in der Ordnung des Seins nachrangig sind, unserem Verständnis am zugänglichsten; und die am wenigsten zugänglichen sind die einfachen Substanzen, die in der Ordnung des Wissens nach, aber in der Ordnung des Seins vorrangig sind.

5. DIE THOMISTISCHE WESEN IN ZUSAMMENGESETZTEN SUBSTANZEN

Wir wissen, dass der Heilige Thomas die von Aristoteles definierte hylemorphe Doktrin verfolgt. Daher betrachtet er sinnliche oder körperliche Substanzen als eine Zusammensetzung aus Materie und Form. Daher werden sie auch als zusammengesetzte Substanzen bezeichnet. Die anderen nennt er einfache Substanzen.

Er wird sagen, dass diese Zusammensetzung offensichtlich ist, das heißt, offenkundig. Und dass die Wesen dieser Substanz nicht nur die Materie oder nur die Form ist, sondern die Materie und die Form.

Die Wesen ist nicht nur die Materie. Durch die Wesen wird das Seiende erkennbar und, indem es erkannt wird, in eine bestimmte Gattung und Art geordnet. Dieses Ziel kann nicht mit der Materie erreicht werden, die reines Potential ist. Nur das, was in Akt ist, kann ein Seiendes erkennen und klassifizieren. Daher sagt der Aquinate:

Es ist offensichtlich, dass die bloße Materie nicht das Wesen der Sache ist, da eine Sache durch ihr Wesen erkennbar ist und in die Gattung oder Art geordnet wird; aber die Materie ist weder ein Prinzip der Erkenntnis noch bestimmt sie die Gattung oder Art, sondern vielmehr nach dem, durch das etwas in Akt ist.[41]

Die Wesen ist auch nicht nur die Form. Denn wie Aristoteles lehrt und wie wir im zweiten Kapitel gesehen haben, erkennen wir die Wesen durch die Definition des Seienden. Und die Definition des Seienden umfasst nicht nur die Form, sondern auch die Materie. Wenn ich einen Holzstuhl definieren möchte, definiere ich ihn nicht nur durch seine Sein (Form) als Stuhl, sondern auch durch die Akzidenzien und die Holz (Materie), die ihm innewohnen.

Die Wesen ist auch nicht die Beziehung zwischen Materie und Form oder irgendein Hinzugefügtes zu beiden. In beiden Fällen handelt es sich um ein Akzidens, das uns nicht erlauben würde, das Seiende in dem zu erkennen, was es ist, nämlich um die Wesen. Wir erkennen das Seiende nur durch die Substanz und die Akzidenzien, in gewisser Weise und relativ dazu.

Die Wesen ist das, durch das das Sein der Sache gesagt wird, daher muss die Wesen, durch die die Sache als Seiendes bezeichnet wird, sowohl die Form als auch die Materie sein, obwohl die Form in gewisser Weise die Ursache ihres Seins ist.[42]

Der Heilige Thomas zeigt, wie die Aussage, dass die Wesen Materie und Form ist, die Zustimmung anderer Philosophen findet. So behaupten es auch Boethius, Avicenna, Averroes und natürlich Aristoteles.

Im Fall von Boethius zitiert er in *De ente et essentia* als zum *Kommentar zu den Kategorien* gehörig:

"Ousía bedeutet die Verbindung." Denn ousía im Griechischen entspricht *dem lateinischen essentia, wie er selbst im Buch "Über die beiden Naturen" sagt.*

Das Zitat ist fehlerhaft. Dasselbe Missgeschick widerfuhr auch dem heiligen Albertus Magnus und dem heiligen Bonaventura. Eine ähnliche Aussage findet sich tatsächlich in einem anderen Werk von Boethius, *Liber de deffinitione* (PL 64, 895C) und nicht im *Kommentar zu den Kategorien.*[43]

In Metaphysik V, Kapitel 5 (f.90raF) behauptet Avicenna ebenfalls, dass die Quiddität der zusammengesetzten Substanzen dieselbe Zusammensetzung von Form und Materie ist.

In *Metaphysik* VII, Kommentar 27 (f.83va42 44) sagt Averroes, dass *die Natur, die die Arten in den entstehenden Dingen haben, etwas Zwischenliegendes ist, nämlich eine Zusammensetzung aus Materie und Form.* Natürlich basierte Averroes mit dieser Aussage auf Aristoteles.

Nun, es stellt sich die Frage: Wie ist das Seiende, das das wesen integriert? Denn wenn es wahr ist, dass das Seiende ein Prinzip der Individualisierung ist, dann ist das Seiende, das das Wesen bildet, nur partikulär und nicht universell. Wenn dies tatsächlich der Fall wäre, wären die Universalien undeutlich definiert, da das Wesen die Definition des Seiende als solches impliziert.

Aber die Universalien haben keine fehlende Definition. Daher ist die Materie, das Prinzip der Individualisierung, das die Wesen der Zusammengesetzten ausmacht, nicht irgendeine Materie, sondern nur die Materie *signata*. Ein Ausdruck, den der Heilige Thomas von Avicenna übernimmt. Und den Averroes als *materia demonstrata* bezeichnet hat.

Materia signata ist die Materie, die unter bestimmten Dimensionen betrachtet wird. Sie wird auch als *materia signata quantitate* bezeichnet.

*Die Thomistische Formel lautet: "Materia signata quantitate"; die Materie, die durch die Quantität gekennzeichnet und abgegrenzt ist, macht das Subjekt zu einem individuellen, unveräußerlichen und unübertragbaren Wesen.*44

Auch die Thomistische These XI definiert es klar:

Die durch Quantität gekennzeichnete Materie ist das Prinzip der Individuation, das heißt der numerische Unterscheidung –die es bei reinen Geistern nicht geben kann– des einen Individuums vom anderen in derselben spezifischen Natur.

Schließlich erklärt der Heilige Thomas:

Diese Art von Materie wird nicht verwendet, um den Menschen als Menschen zu definieren; es würde höchstens in der Definition von Sokrates verwendet, wenn Sokrates eine Definition hätte. In der Definition des Menschen wird jedoch die nicht gekennzeichnete Materie verwendet; tatsächlich wird in der Definition des Menschen nicht "dieses Knochen und dieses Fleisch" verwendet, sondern "Knochen und Fleisch" ohne weitere Angaben, die die nicht gekennzeichnete (gemeinsame) Materie des Menschen sind.[45]

Es ist also angebracht, die Unterscheidung zwischen *materia signata* und *non signata* vorzunehmen. Diese Unterscheidung besteht darin: In der Definition eines partikulären Seienden ist die *materia signata* enthalten, die aufgrund ihrer eigenen Merkmale vollständig bestimmbar ist. In der Definition eines universalen Seienden hingegen ist nicht die *materia signata*, sondern die *materia non signata* enthalten. Das bedeutet, die Materie, die nicht durch die Quantität begrenzt ist. Dies geschieht deshalb, weil in der Definition eines jeden universalen Seienden, zum Beispiel des universalen Seienden "Mensch", nicht die Materie und Form eines Einzelnen berücksichtigt werden, sondern die Materie und Form aller Menschen in absoluter Weise.

6. DIE THOMISTISCHE WESEN IN BEZUG AUF EINFACHE SUBSTANZEN

Einfache Substanzen, auch getrennte (von Materie) oder intellektuelle Substanzen genannt, sind in aufsteigender Bedeutung:

-Die menschliche Seele
-Die Engel oder Intelligenzen
-Gott, reiner Akt und erste Ursache

Im 13. Jahrhundert gab es Einigkeit darüber, dass diese Substanzen gegenüber Materie immun sind. Nur ein Philosoph, Avicebron, stellte diese Behauptung in Frage. In seinem Buch *Die Quelle des Lebens* schrieb er den Intelligenzen und der menschlichen Seele eine Zusammensetzung von Form und Materie zu. Nicht jedoch Gott. Aber wie der Aquinate sagt, *widerspricht dies dem, was die Philosophen allgemein behaupten.*

Sankt Thomas argumentiert, dass *der überzeugendste Beweis dafür,* dass getrennte Substanzen keine Art von Materie haben, *von ihrer Fähigkeit zu denken kommt.* Und er fügt hinzu:

Denn wir sehen, dass die Formen im Akt nicht intelligibel sind, es sei denn, sie werden von der Materie und ihren Bedingungen getrennt; noch werden sie im Akt intelligibel, es sei denn, in der intelligenten Substanz, wie sie von ihr aufgenommen und gemacht werden. Daher ist es notwendig, dass in jeder intelligenten Substanz volle Immunität gegenüber der Materie vorhanden ist (...).[46]

Die Form eines Seienden ist im zusammengesetzten Seienden aus Materie und Form im Akt. Solange sie nicht vom Zusammengesetzten aktualisiert wird, ist die Form im Potenzial. Aber die Form ist nur im Akt intelligibel.

Um die Form einer zusammengesetzten Substanz zu verstehen, abstrahiert unsere Intelligenz sie von der Materie. Auf diese Weise aktualisiert sie die Form. Die Form ist nun intelligibel.

Unsere Seele allein, ohne jede Einwirkung des Körpers (der Materie), ist die einzige, die die Form erfassen und aktualisieren kann. Warum? Weil sie frei von jeder Art von Materie ist. Sie ist eine einfache Substanz. Die Intelligenz der Seele muss die Form, die von der Materie abstrahiert ist, aufnehmen und um dies zu tun, muss sie selbst von jeder Art von Materie befreit sein. Nur so setzt sie die Form im Akt und macht sie intelligibel.

Was für die menschliche Seele gesagt wurde, trifft auch auf die Intelligenzen und Gott zu. Jeder Hauch von Materie in den getrennten Formen würde sie daran hindern, die Formen der zusammengesetzten Substanzen zu abstrahieren und aufzunehmen, um sie im Akt zu setzen. Dies wird durch die Handlungen unserer Seele belegt, wenn sie die Formen der zusammengesetzten Substanzen aktualisiert.

Es bleibt zu klären, ob diese einfachen Substanzen eine andere Form der Zusammensetzung haben, die nicht durch Materie und Form verläuft. Sankt Thomas gibt tatsächlich an, dass es eine solche Zusammensetzung gibt und dass diese aus Form und Sein (Existenz) besteht. Es kann auch gesagt werden, dass die Quiddität einer einfachen Substanz (anstelle von Materie und Form wie bei zusammengesetzten Substanzen) Wesen und Akt des Seins (Akt des Existierens) ist oder, was dasselbe ist, Wesen und Existenz.

Daher wird in der Kommentierung der neunten Aussage des Buches "Über die Ursachen" gesagt, dass die Intelligenz diejenige ist, die Form und Sein hat, und unter "Form" versteht man dort dieselbe Quiddität oder einfache Natur.[47]

Die Form gibt der Materie das Sein. Folglich ist es unmöglich, Materie ohne Form zu haben.

Es ist jedoch möglich, Form ohne Materie zu haben, da die Form als Form keine Abhängigkeit von der Materie hat.

Denn in den Dingen, die miteinander in Beziehung stehen, wobei eines die Ursache des Seins des anderen ist, kann dasjenige, in dem der Grund der Ursache gegeben ist, ohne das andere existieren, aber nicht umgekehrt.[48]

Nun, es ist offensichtlich, dass es Formen gibt, die nur in Verbindung mit Materie existieren können. Dies geschieht, weil sie sich vom Ersten Prinzip entfernen, das der erste und reine Akt des Seins ist: Gott. Dies ist die Annahme der menschlichen Seele, die in Verbindung mit dem Körper existiert.

Formen, die dem Ersten Prinzip nahe sind, sind Formen, die von Natur aus ohne Materie bestehen können. Dies ist der Fall bei Engeln, auch Intelligenzen genannt. Ihre Wesen oder Quidditäten sind nichts anderes als die gleiche Form. Das heißt: In einem Engel sind Form und Wesen dasselbe. In einer zusammengesetzten Substanz nicht. Form und Wesen unterscheiden sich: Das Wesen ist Form und Materie.

Es gibt noch zwei weitere Unterschiede zwischen zusammengesetzten und einfachen Substanzen:

1-Das Wesen der zusammengesetzten Substanz kann aufgrund ihrer Form und Materie auf zwei Arten ausgesagt werden: als Teil oder als Ganzes der zusammengesetzten Substanz. Nehmen wir zum Beispiel das Seiende "Mensch". Die Wesen des Begriffs "Mensch" kann als Ganzes der Verbindung (Materie und Form) verstanden werden oder als Teil (nur die Form). Im Fall der gesamten Verbindung wird gesagt, dass der Mensch ein "rationales Tier" ist. Im Fall des Teils muss unser Verstand zuvor die Materie von der Verbindung von Materie und Form abstrahieren. Das heißt, er abstrahiert die Materie von der Wesen. Es bleibt nur die Form übrig. In diesem Sinne wird gesagt, dass "Mensch" "Menschlichkeit" ist.

In Zusammenfassung: Das Wesen des Begriffs 'Mensch' wird auf zwei Arten ausgedrückt: als vernünftiges Tier und als Menschlichkeit, je nachdem, in welchem Zusammenhang es verwendet wird. Daher betont der Heilige Thomas, dass *man nicht sagen kann, dass der Mensch seine Quidditat ist.*

Das Wesen der einfachen Substanzen, das nur ihre Form ist, kann jedoch als die Gesamtheit des Seienden bezeichnet werden, *da es außer der Form nichts gibt, was die Form empfängt.* Die Quiddität einer einfachen Substanz ist gleichbedeutend mit dem einfachen Seienden selbst, weil es nichts von ihm Verschiedenes gibt, das es empfängt; was im Falle der zusammengesetzten Substanzen die Materie ist.

2-Die Wesen zusammengesetzter Substanzen vervielfacht sich gemäß der Unterteilung der Materie. Wir hatten bereits in *Einführung in die Thomistische Metaphysik V* gesehen, dass die Materie die Ursache der Individualisierung der Seienden ist. Tatsächlich aktualisieren die Formen die *materia prima*, die zu *materia signata quantitate* wird. Jede zusammengesetzte Substanz besitzt nicht irgendwelche Materie. Sie besitzt die *materia signata quantitate*, die sie als diese Substanz ausmacht. Die Seienden vervielfältigen sich numerisch, und damit auch die Wesen, wenn neue Formen die Materie aktualisieren. Daher sind einige Seiende in der gleichen Art identisch, aber in der Anzahl verschieden.

Das Gleiche gilt nicht für einfache Substanzen. Die Wesen einer einfachen Substanz wird nicht in der Materie empfangen. Es kann keine numerische Multiplikation der Wesen in einfachen Substanzen geben. Es kann keine Individualisierung geben. Daher gibt es in einfachen Substanzen keine vielen Individuen derselben Art, sondern jede Wesen ist eine verschiedene Art, kein verschiedenes Individuum.

7. DIE BEIDEN MODI DES WESENS IN EINFACHEN SUBSTANZEN

Basierend auf allem, was zuvor gesagt wurde, können wir schließen, dass es zwei verschiedene Modus gibt, wie das Wesen in einfachen Substanzen existiert. Nämlich:

-In Gott

-In den zusammengesetzten Substanzen von Form und Existenz oder intellektuellen Substanzen. Diese werden getrennte Substanzen genannt, Engel (oder Intelligenzen)

In die menschliche Seele

Das Wesen in Gott

Das Wesen Gottes ist sein eigenes Sein. Gott ist reines Sein. Er ist reines Existieren. In Ihm herrscht absolute Einfachheit: Er ist frei von jeglicher Materie und folglich frei von jeglichem Ansatz von Potenzialität. Er ist reiner Akt. Gott subsistiert aus sich selbst heraus. Er empfängt nichts von anderen.

Einige Philosophen wie Avicenna behaupten, dass Gott keine Quiddität oder Wesen hat, weil Seine Wesen sich nicht von Seinem Sein (Akt des Existierens) unterscheidet.

Und daraus folgt, dass Gott zu keiner Gattung gehört, da es notwendig ist, dass alles, was zu einer Gattung gehört, eine Quiddität hat, die von seinem Sein (von seiner Existenz) verschieden ist, da die Quiddität oder Natur einer Gattung oder Art als solche nicht in den Wirklichkeiten unterschieden ist, die zu dieser Gattung oder Art gehören, während das Sein in einer solchen Vielfalt unterschieden ist.[49]

Für den Aquinaten stimmen Wesen und Existieren oder Existenz in Gott überein. Die Quiddität Gottes ist Seine Existenz. Daher hat Er keine Kategorie. Denn alles, was eine Kategorie hat, hat seine Quiddität von seinem Sein verschieden.

Wir können daher schlussfolgern, dass Gott Seine Wesen oder Quiddität ist und Sein eigenes Existieren. In Gott stimmen Wesen und Existenz überein.

Das Wesen in den intellektuellen Substanzen

Im Fall der Engel unterscheidet sich das Wesen (die reine Form ohne Materie ist) von der Existenz.

Sie erhalten ihr Sein oder ihre Existenz von Gott. Daher ist ihre Existenz endlich und begrenzt. Aber ihre Wesen oder Quiddität ist absolut, da sie in keiner Materie empfangen wird.

Deshalb wird im Buch "Über die Ursachen" gesagt, dass die Intelligenzen unendlich in Bezug auf das Niedere sind, aber endlich in Bezug auf das Höhere, da sie endlich in Bezug auf ihr Sein sind, das sie von Oben empfangen. Sie werden jedoch nicht in Bezug auf das Niedere begrenzt, da in ihnen die Form nicht durch die Fähigkeit einer bestimmten Materie begrenzt wird.[50]

Eine unmittelbare und äußerst wichtige Konsequenz aus dem Gesagten ist die folgende: Bei den Engeln gibt es keine Vielzahl von Individuen derselben Art, sondern jeder Engel ist eine verschiedene Art.

Wir können auch etwas über die menschliche Seele sagen. Sie ist eine getrennte Substanz, aber nicht völlig von einer Beziehung zur Materie befreit. Tatsächlich steht jede menschliche Seele in Beziehung zu einem Körper.

Daher gibt es in derselben menschlichen Art eine Vermehrung von Individuen. Diese Beziehung der Seele zum Körper entzieht sie jedoch nicht vollständig der Beziehung zur Materie, wie im Fall der Engel. Im Gegenteil, es gibt eine Individualisierung jeder Seele mit einem bestimmten Körper. Folglich vermehren sich die Individuen in der Art. Im Fall der Seele ist es nicht so, dass jede Seele eine Art darstellt. Nein. Jede Seele, die mit einem Körper verbunden ist, ist ein Individuum. Die Materie des Körpers führt zur Individualisierung.

Und da in diesen Substanzen (sie bezieht sich auf die Engel und die menschliche Seele) *die Quiddität nicht dasselbe ist wie das Sein, sind sie daher in Kategorien einordbar; und deshalb finden sich in ihnen die Gattung, die Art und die Differenz (...).*.[51]

8. DIE WESEN IN DEN AKZIDENZIEN

Wir haben zuvor gesagt, dass der Begriff "Wesen" auf verschiedene Arten verwendet wird. Eine davon ist wie folgt: Wesen ist das, was durch die Definition bedeutet wird.

(...) Es ist notwendig, dass diejenigen, die dasselbe Wesen haben, auch dieselbe Definition haben.[52]

Die Akzidenzien haben eine unvollständige Definition: Sie können nur definiert werden, wenn die Substanz in ihrer Definition enthalten ist. Dies geschieht, weil ihr Sein nicht unabhängig vom Sein der Substanz ist. Sie sind ihr innewohnend und teilen ihr Schicksal.

Es gibt daher substantielle Seiende und akzidentelle Seiende. Die substantiellen Seienden resultieren aus der Zusammensetzung von Materie und Form. Die akzidentellen Seienden resultieren aus ihrer Innewohnung in einer Substanz.

Die akzidentielle Wesen tritt in einem Seienden auf, das bereits an sich selbst vollständig und in seiner Wesen und Existenz beständig ist. Dieses Seiende geht dem akzidentielle Seiende natürlich voraus. Das substantielle Seiende (die Substanz) ist nicht das Ergebnis der Innewohnung des Akzidens. Vor dieser Innewohnung war es bereits ein Seiendes an sich selbst. Die Innewohnung erzeugt ein gewisses Seiendes: das akzidentielle Seiende, das nicht an sich selbst existiert, sondern als Innewohnung in der Substanz existiert. Ohne das Akzidens kann die Substanz *genauso gedacht werden wie "erstes" ohne "zweites" gedacht werden kann*. Ohne das Akzidens bleibt die Substanz an sich selbst. Ohne die Substanz existiert das Akzidens nicht.

Aus dieser Verbindung von Substanz und Akzidenz ergibt sich also nicht ein vollständiges Wesen wie bei der Verbindung von Form und Materie. Und so wie das akzidentielle Seiende in *einem bestimmten Sinn* ein Seiendes genannt werden kann, so kann auch sein Wesen *in einem bestimmten Sinn* ein Wesen genannt werden.

Und da dasjenige, was in jeder Gattung auf höchste und wahrhafteste Weise gesagt wird, Ursache dessen ist, was in dieser Gattung nachfolgt, so wie das Feuer, das am Ende [der Serie] der Warmen steht, die Ursache der Wärme in den warmen Dingen ist, wie es im zweiten Buch der Metaphysik behauptet wird, so hat auch die Substanz, die die erste in der Gattung des Seienden ist, in höchstem Maße und wahrhaftig Wesen, und sie muss die Ursache der Akzidenzien sein, die auf sekundäre Weise und aspektuell an der Vorstellung des Seienden teilhaben.[53]

Der Akzidens folgt der Substanz, die aus Materie und Form besteht. Dies geschieht auf verschiedene Arten:

1-Einige Akzidenzien folgen ausschließlich der Form der Substanz
2-Andere folgen der Form in Bezug auf die Materie

Nehmen wir zum Beispiel die menschliche Seele. Zum Beispiel ist das Verständnis ein Akzidens, das nur durch die Form Sein hat. In ihm ist kein Organ des Körpers involviert. Und das Fühlen ist ein Akzidens, das der Form in Beziehung zur Materie folgt, die der menschliche Körper ist.

Da alles durch die Materie individualisiert wird und durch die Form in Gattung oder Art eingeteilt wird, sind auch die Akzidenzien, die von der Materie (in Bezug auf die Form) herrühren, die Akzidenzien des Individuums, durch die sich die Individuen derselben Art voneinander unterscheiden. Auf der anderen Seite sind die Akzidenzien, die (ausschließlich) von der Form herrühren, die charakteristischen Merkmale der Gattung oder Art. Daher findet man sie in allen, die an der Natur der Gattung oder Art teilhaben, wie "lachhaft," das von der Form im Fall des Menschen stammt, da das Lachen durch eine gewisse Erfassung der menschlichen Seele geschieht.[54]

Nun: Kein Akzidens folgt der Materie ohne Bezug zur Form.

9. AKT DES EXISTIERENS *(ACTUS ESSENDI)* NACH THOMAS VON AQUIN: DEFINITION

Deswegen subsistiert nach dem absoluten Sinn des Sein selbst Gott als einer, ist er der eine einfachste; alles übrige, was am Sein selbst teilhat, hat eine Natur, durch die das Sein eingeschränkt wird, und besteht aus Wesen und Sein als real unterschiedenen Prinzipien. Thomistische These III.

Actus essendi ist der Akt, der es einer Wesen *(essentia)* ermöglicht, das Sein in seiner Fülle zu haben. Zu diesem Fakt, dem vollen Sein, wird genau Existenz genannt. *Actus essendi* wird auch unter den Namen **esse, Seinsakt oder Existenzakt** bekannt.[55]

Wodurch eine zusammengesetzte oder einfache Substanz -nur die Engel und die menschliche Seele- ein Seiende **(ens)** in die Realität gesetzt wird, ist der *Actus essendi (esse).* Ein Seiende existiert, wenn es aktuell ist, nicht wenn es potenziell ist. Zu sagen, dass ein *ens* (Seiende) aus *essentia* (Wesen) und *esse* (Akt des Seins oder Akt des Existierens) zusammengesetzt ist, bedeutet dasselbe wie zu sagen, dass dieses *ens* nicht Gott ist. In Ihm gibt es keine Zusammensetzung.

Was das Sein hat, ist daher gleichzeitig aktuell. Aber was nicht aktuell existiert, ist nichts, da jede andere Vollkommenheit, um real zu sein, die Existenz voraussetzt. Das Sein (esse) ist daher die höchste Vollkommenheit, die Voraussetzung für alle anderen, die Vollkommenheit der Vollkommenheiten.[56]

Sankt Thomas verwendete den Begriff *existentia* (von *existere*), also "Existenz", nur selten, um auf das Sein hinzuweisen. An seiner Stelle verwendete er das Verb *esse* oder das Substantiv *actus essendi. Existentia* ist das Faktum des Existierens. Es ist die Konsequenz des *actus essendi.* Es ist nicht der *actus essendi* selbst.

Daher verwendet der heilige Thomas den Ausdruck esse nicht im Sinne von Existenz, denn diese ist nur eine Nebenwirkung des "actus essendi". Er verwendet den Begriff "existentia", um ihn zu bezeichnen. Für den heiligen Thomas ist "esse" oder "actus essentiae" nicht dasselbe wie Existenz, beide werden unterschieden, wie eine sekundäre Wirkung von dem Prinzip unterschieden wird, das sie verursacht.[57]

Der *actus essendi* oder *esse* darf nicht als reine Existenz betrachtet werden, sondern als ein Akt, der das Existieren verleiht, der das Seiende in die außermenschliche Realität setzt, der dem Seienden die Fülle des Seins verleiht. **Nur so verstanden können wir von *esse* oder *actus essendi* als Existenz sprechen.**

Jede Doktrin, in der die direkte Bedeutung von ens nicht der Akt ist, durch den etwas ist (existiert), *weicht von der authentischen Lehre von Thomas von Aquin ab.*[58]

Übrigens lehrt Sankt Thomas in der *Summa contra Gentiles* Buch I, Kapitel 22:

Existieren drückt einen bestimmten Akt aus. Tatsächlich sagt man nicht, dass ein Ding existiert, wenn es in Potenz ist, sondern wenn es aktuell ist. Alles aber, woran ein Akt außer ihm selbst gebunden ist, steht in Beziehung zu ihm wie Potenz zu Akt, denn Akt und Potenz werden korrelativ genannt.[59]

Das Wesen ist die metaphysische Potenzkomponente eines Seienden: das, was ist oder Sein hat, das *quod est*. Der *actus essendi* hingegen ist der Akt, durch den das Wesen das *esse* (Sein) oder das Existieren hat: das *quo est*.

Quod est: das, was ist
Quo est: dass es ist

Aber jede Wesen oder Quiddität kann verstanden werden, ohne dass jemand darüber nachdenkt, ob sie existiert, denn jemand kann denken, was der Mensch ist oder was der Phönix ist und dabei ignorieren, ob sie in der Natur der Dinge existieren. Daher ist klar, dass das Sein (Sein = esse. Sein als Existieren) *sich von der Wesen oder Quiddität unterscheidet (...)*.60

Das, was ist - quod est, das Seiende - ist das, was es ist (zusammengesetzte oder einfache Substanz), aufgrund des Wesens. Das Wesen macht es zu dem, was es ist (zusammengesetzte oder einfache Substanz), in der Potenz. In der Potenz von was? In der Potenz zu existieren. In der Fähigkeit, das Wesen zu empfangen. In der konkreten Realität zu sein.

*Die Wesen ist nichts ohne ihren Akt des Seins (esse), aber dieser Akt ist nichts, wenn er nicht das Sein von etwas ist; das endliche Sein ist nichts anderes als das, durch das ein Wesen oder eine Sache ist.*61

Durch den Akt des Existierens oder Seins, *actus essendi*, geht das Seiende oder die Substanz, die das Potenzial hat zu existieren, zum Akt des Existierens -*quo est*- über. Das Seiende, das kraft des Wesens, das es hat, kommt im Akt zur Existenz. Jetzt ist es in der totalen und vollkommenen Fülle des Seins: es existiert. Es wird in die konkrete Wirklichkeit gesetzt. Dies ist eine metaphysische Unterscheidung, keine physische. Es handelt sich nicht um eine Teilung: Seiende auf der einen Seite und Existenz auf der anderen. Es handelt sich auch nicht um zwei Abteilungen innerhalb des Seienden. Es sollte jedoch klargestellt werden, dass wir bei all diesen Überlegungen das Seiende der Vernunft ausschließen. Das Seiende der Vernunft existiert nur im Verstand, der es begreift, aber es existiert nicht in der außerweltlichen Wirklichkeit. Es gehört nicht zur Welt der konkreten, aktuellen oder möglichen Existenz. Es gehört zur Welt der Wesen.62

*Die Wesen und die Existenz sind für Thomas von Aquin keine zwei Dinge. Es gibt keine objektive Wesen ohne Existenz, und es gibt keine Existenz, die nicht die Existenz von etwas Endlichem und Konkretem ist. Die Existenz wird empfangen oder ist durch das Wesen begrenzt.*63

Der Akt des Seins oder der Existierens aktualisiert die Wesen. Indem er dies tut, setzt er das Seiende in die konkrete Realität.

Das Sein ist im Wesen fest und ruhig. Tatsächlich ist das Sein (esse) des Seienden Akt (keine Potenz) und Form (keine Materie), und was keine Materie oder Potenz hat, ist daher von Werden befreit (...). Das esse des Seienden ist kein Seiendes, sondern eher das, wodurch das Seiende ist (existiert); das Sein des Seienden im Werden ist nicht im Werden.[64]

Wenn wir sagen, dass die Existenz empfangen oder durch das Wesen begrenzt wird, bedeutet dies nicht, dass es eine Art allgemeine Existenz gibt, die zwischen den Wesen aufgeteilt wird. Es bedeutet vielmehr, dass der Akt des Existierens zusammen mit dem Wesen eine "solche" Sache bildet: einen Menschen, einen Hund, einen Tisch, ein Messer usw. In diesem Sinne begrenzt das Wesen die Existenz: Der Akt des Seins bringt das Wesen zum Existieren in dem, was es ist, nicht in etwas anderem.

Diese Lehre vertrat Thomas Aquin von Anfang an seiner Karriere, als er den Kommentar zu den Büchern der Sentenzen verfasste oder den De ente et essentia komponierte, und sie erstreckte sich dann auf die Summa contra Gentiles und die Summa Theologiae, und seine Meinung änderte sich nicht in der Frage De spiritualibus creaturis, einer seiner letzten und reifsten Abhandlungen. In der Contra Gentiles (II, 55, 2; BAC, Madrid, 1967, S. 541) wird festgehalten, dass 'durch die Form wird die Substanz zum geeigneten Behälter für das, was Sein (= existieren) ist'(...).[65]

Die Metaphysik des Thomismus erscheint daher als eine sehr konkrete, aktuelle Reflexion, die frei von abstrakten Fantasien ist.

Während das zeitgenössische Denken anscheinend vor allem vom konkreten, existenziellen Aspekt der Wahrnehmung beeindruckt ist, hatten Philosophen früherer Zeiten eher die Neigung, unter Aussparung der Existenz -das Existieren in Klammern gesetzt- das Sein in erster Linie als Natur oder Wesen zu betrachten. Für den heiligen Thomas -wie wir oft Gelegenheit haben werden zu wiederholen- beinhaltet das Sein immer notwendigerweise den komplexen Aspekt eines Wesens, das als seine letzte Perfektion eine Existenz aktualisiert.[66]

Die zusammengesetzten Substanzen und die einfachen Substanzen (Engel und die menschliche Seele, nur sie) bestehen aus Wesen und Akt des Seins. Nicht als zwei Seiende, die sich vereinen, um sie zu bilden, sondern als zwei Prinzipien, die sie zusammensetzen. Die Thomistische These VII besagt:

Ein geistiges Geschöpf ist in seiner Wesenheit völlig einfach. Aber es verbleibt in ihm eine zweifache Zusammensetzung: der Wesenheit mit dem Sein und der Substanz mit den Akzidenzien.

Die Existenz ist kein Seiende. Sie ist ein Prinzip. Gleiches gilt für die Wesen. Beide sind wie Materie und Form, Akt und Potenz.

(...) Das Sein (d.h. das Seiende, *ens) setzt sich aus den beiden komplementären Aspekten Wesen und Existenz zusammen, die es als "etwas, das ist" definieren.* [67]

Zusammengefasst: Die zusammengesetzten Substanzen bestehen aus Materie und Form, Wesen und Existenz, Akt und Potenz. Die einfachen Substanzen -nur Engel und die menschliche Seele- bestehen aus Form und Existenz, Akt und Potenz. Gott ist von den einfachen Substanzen, äußerst einfach. Reine Akt. In Ihm fallen Wesen und Existenz zusammen. Er ist reines Sein. Er erhält nichts von niemandem.

Wenn der hl. Thomas sagt, dass die Existenz "von außen kommt und sich mit der Wesen zu einer zusammengesetzten Existenz verbindet" (De ente et essentia, 5), bedeutet dies nicht, dass einer bereits "existierenden" Existenz bereits ein "existierendes" Wesen gegeben wird, was völlig absurd wäre. Vielmehr meint er, dass der Akt, durch den ein Wesen existiert, verursacht ist, und dass die Ursache außerhalb der Sache selbst liegt.[68]

Der Akt des Seins ist verursacht, und seine Ursache ist Gott, das von sich selbst subsistierende Sein. Nur Er kann den Akt des Seins verleihen. Es besteht eine existenzielle Abhängigkeit zwischen Gott und allen Seienden, die Seine Schöpfungen sind. Diese partizipieren an Seinem Sein. Und sie könnten nicht existieren, wenn Er es ihnen verweigern würde.

Sowohl in der Antike bei Plato als auch bei zahlreichen Scholastikern von Scoto und Suárez bis zu den Modernen von Descartes bis Hegel wird das Sein im Allgemeinen als eine gewisse Natur aufgefasst, als eine Wesen, die praktisch isoliert von der Existenz behandelt wird, die als eine abstrakte Gegebenheit betrachtet wird; die Ontologie tendiert dann dazu, eine reine konzeptuelle Konstruktion zu werden, die von der Realität getrennt ist. Es entstehen sogenannte essentialistische Ontologien. Beim heiligen Thomas hingegen behält das Sein den Aspekt der Bestimmtheit, der seinem Wesen entspricht. Aber im Gegensatz zu den anderen Gelehrten bezieht er sich immer auf die Existenz des Seins als seine letzte Aktualität.[69]

Die Form als Akt aktualisiert die Urmaterie, die immer in Potenz ist. In diesem Zustand sprechen wir von einem Seienden, das aus zwei Prinzipien besteht: Form und Materie. Aber es ist nicht der letzte Akt, auf den wir uns beziehen sollten. Das Sein (esse), als Akt, aktualisiert das Seiende auf eine andere Weise.

Die Form konfiguriert die Materie und gibt dem Seienden das Sein. Form und Materie bilden das Wesen des Seienden.

Das *esse* verleiht dem Seienden existenzielle Realität. Es verleiht ihm die Fülle des Seins. Es ist der letzte Akt, der das Seiende als Seiendes und nicht nur als existentielle Möglichkeit aktualisiert.

Das Vollkommenste, was es gibt, ist das Existieren (ipsum esse), da es sich in Bezug auf alle Dinge wie ihr Akt verhält. Tatsächlich hat nichts Aktualität, es sei denn, es existiert.[70]

Die Form und das *esse* sind Akte unterschiedlicher Natur. Die Form ist ein Akt von wesentlicher Art und das *esse* ist ein Akt von existenzieller Art.

(...) wie jedes Verb bezeichnet das Verb esse einen Akt und keinen Zustand. Der Zustand, in den das esse dasjenige versetzt, was es empfängt, ist der Zustand des Seienden, das heißt, von dem, was ein "Seiende" ist. (...) das Seiende ist nur in seiner Beziehung zum Akt des Existierens als solches.[71]

Das Wesen und das Seiende stehen in Bezug zueinander wie der Akt und die Potenz. Das Wesen befindet sich in Potenz, durch den Akt des Seins -*actus essendi*- aktualisiert zu werden. Erinnern wir uns daran, was der heilige Thomas sagte: Ich kann das Wesen des Phönix erkennen, selbst wenn ich nicht weiß, ob es in der Realität existiert. Der Akt des Seins-*actus essendi*- ist es, der das Wesen in die Realität bringt.

(...) Das Sein (esse) verhält sich zur Wesen wie der Akt zur Potenz; das bedeutet, dass die Wesen und das Sein in einem Verhältnis von Potenz und Akt stehen und daher das materielle und formale Konstitutiv des Seienden sind, da sie sich wie Materie und Form zur substantiellen Wesen verhalten.[72]

Das *esse* ist die höchste Vollkommenheit. Es ist nicht einfach eine weitere Vollkommenheit, die zu anderen Vollkommenheiten des Wesens hinzugefügt wird. Alle Vollkommenheiten des Seienden stammen aus dem *esse*, nicht aus dem Wesen. Deshalb sagt der heilige Thomas, dass der Akt des Seins die Ergänzung jedes Wesens ist. Indem er sich mit dem Wesen vereint, um das Seiende zu bilden, wird das *esse* nicht von dem Wesen vervollkommnet oder abgeschlossen, sondern vielmehr vervollkommnet oder vollendet es das Wesen.[73] Daher ist das *esse* niemals Potenz, sondern immer Akt.

In der Hinsicht, in der es von der Wesen empfangen wird, ist das Sein *(esse)* immer in seiner höchsten Vollkommenheit durch sie begrenzt. Die Wesen ist das Maß der Begrenzung des Seins in einem Seienden. So ist das Sein in einem Seienden aufgrund seiner jeweiligen Wesen auf eine bestimmte Weise begrenzt.

Sankt Thomas erklärt, dass gerade weil das Sein die höchste Vollkommenheit ist, die alle anderen einschließt, gesagt werden kann, dass die Wesen Gottes sein Sein ist. Dass Gott "ipsum esse subsistens" ist, das selbstsubsistierende Sein. Wenn das Sein hingegen eine weitere Vollkommenheit wäre, könnte nicht behauptet werden, dass die Wesen Gottes sein Sein ist.[74]

Es muss klargestellt werden, dass die Beziehung zwischen Wesen und Akt des Seins- *essentia-actus essendi-*, wenn sie aus der Perspektive von Potenz zu Akt betrachtet wird, analog zur Beziehung zwischen Materie und Form ist. **Es ist analog, nicht identisch.**

Denken wir zunächst daran, dass das Wesen uns erlaubt, die Substanz oder das Seiende in dem zu schätzen, was es ist, *id quod est*, und dass der Akt des Seins uns ermöglicht, dies insofern zu tun, als es in der konkreten Realität ist, *id quo est*. Das Wesen informiert uns darüber, dass die Substanz ein Tisch, ein Stuhl oder ein Bleistift ist. Das Existieren informiert uns darüber, dass der Tisch, der Stuhl oder der Bleistift in der konkreten Realität existiert. Dass es existiert.

Es ist zu betonen, dass, wenn wir die Beziehung zwischen Wesen und Akt des Seins aus der Perspektive von Potenz zu Akt untersuchen, weder das Wesen sich wie die Materie verhält, noch der Akt des Seins sich wie die Form verhält.

Die Materie ist reine Potenz. Die Form bestimmt sie. Materie und Form bilden die Substanz. Materie und Form bilden das Wesen. Daher können Substanz und Wesen synonym verwendet werden.

Die Materie allein ist nicht die Substanz. Wenn die Materie identisch mit der Substanz wäre, wären alle Formen nur Akzidenzien. Die Materie empfängt das Sein von der Form. Daher ist das Sein nicht das eigene Akt der Materie, sondern der gesamten Substanz. Man kann nicht sagen, dass die Materie ist. In jedem Fall ist die Substanz (Materie und Form = Wesen) dasjenige, was ist *(id quod est)*. Die Form verleiht der Materie und der resultierenden Substanz das Sein. Die Form ist das formelle Prinzip des Seins in den zusammengesetzten Substanzen, in denen Materie und Form die Bestandteile sind, die eine als Potenz und die andere als Akt.

Wir schließen mit der Feststellung: Die substantielle Form ist das formale Prinzip des Seins in zusammengesetzten Substanzen. Deshalb bezeichnen wir die Form als *quo est*, die Substanz als *quod est* und den *actus essendi* als das, wodurch die Substanz ens, Siende genannt wird. Übrigens sagt Gilson, dass wir hier nicht zwei verschiedene Momente derselben Zusammensetzung beschreiben, sondern zwei verschiedene Ordnungen der Zusammensetzung: Die Form ist *quo est* auf der essentiellen Ebene, während der *actus essendi* quo est auf der entitativen Ebene ist. Dies in Bezug auf zusammengesetzte Substanzen.

Bei den einfachen Substanzen ist die Form das Wesen ohne das Zusammentreffen irgendeiner Materie, das heißt, die Form allein ist *quod est*; der *actus essendi* hingegen ist das Prinzip, durch das sie existiert, *quo est*.

Thomas führt eine neue Art von Kraft in die Betrachtung des Seienden ein, die *potentia essendi*, die sich von der substantiellen Kraft des Aristoteles unterscheidet, die die erste Materie ist. Die *potentia essendi* ist die Substanz, materiell oder immateriell, die einen gewissen Grad an formaler Aktualität besitzt. An sich ist sie ein Akt, aber in Bezug auf den *actus essendi* verhält sie sich wie eine Potenz. In der Tat: sie ist in der Potenz zu existieren.

Kurz gesagt, Thomas legt eine neue Konzeption des Aktes und eine neue Idee der Potenz vor, die weder Aristoteles noch irgendein anderer Scholastiker vor ihm konzipiert hat.[75]

10. DIE REALE UNTERSCHEIDUNG WESEN-EXISTENZ

Die Unterscheidung zwischen dem Wesen und der Existenz wird nur explizit von philosophischer Reflexion verstanden; sie ist jedoch implizit in unserer direkten Erfassung der Dinge vorhanden und implizit im alltäglichen Sprachgebrauch manifestiert.[76]

Die zu erörternde Frage lautet: Geht das Wesen von sich aus zur Realität über, indem es sein eigenes Existenzakt ist? Wenn die Antwort positiv ist, sprechen wir von einer Unterscheidung des Grundes oder der Logik zwischen Wesen und Existenz. Oder benötigt das Wesen die Existenz als einen separaten Akt von außen? In diesem Fall, wenn die Antwort positiv ist, sprechen wir von einer realen Unterscheidung.

Die reale Unterscheidung bezieht sich auf die Dinge selbst, unabhängig von den geistigen Operationen, durch die Unterscheidungen getroffen werden. Es handelt sich hierbei um eine Nichtidentität zwischen verschiedenen Dingen (oder allgemein, Entitäten) unabhängig und vor jeder geistigen Betrachtung. Als Beispiel für diese Unterscheidung wurde die zwischen Seele und Körper oder zwischen zwei Individuen angeführt. Die Unterscheidung des Grundes wird allein durch geistige Operationen festgelegt, selbst wenn es keine reale Unterscheidung in den Dingen gibt. Als Beispiel für diese Unterscheidung kann diejenige dienen, die vorgenommen wird, wenn im Menschen zwischen Tierheit und Vernunft unterschieden wird.[77]

Diese Frage darf nicht mit dem Problem der physischen Trennbarkeit von Wesen und Existenz verwechselt werden. Dies wird weder von den Anhängern der realen Unterscheidung noch von denen der logischen Unterscheidung akzeptiert. Wesen und Existenz sind keine zwei getrennten Realitäten, die später miteinander verschmelzen. Was die Ersteren behaupten, ist die reale Potenz des Wesens -*essentia*-, die sich von der des Existenzaktes -*actus essendi*- unterscheidet.

In der geschaffenen Existenz sind Wesen und Existenz wirklich verschiedene Prinzipien, was nach dem Zeugnis von Cajetan das höchste Fundament der Lehre des Heiligen Thomas ist (Kommentar zu den Zweiten Analysen, Kapitel 6).[78]

Boethius (Ende des 5. Jahrhunderts - Anfang des 6. Jahrhunderts) unterschied bereits im Sein zwischen dem *quo est* und dem *quod est*. Er ging jedoch nicht zur realen Unterscheidung über. Man musste fünf Jahrhunderte warten. Es war Avicenna (Ende des 10. Jahrhunderts - Anfang des 11. Jahrhunderts), der die reale Unterscheidung ausdrücklich gegen Averroes verteidigte. Dennoch ist die Existenz für Avicenna im Gegensatz zum Aquinaten ein Akzidens des Wesens. Im Allgemeinen wurde seine Doktrin von einigen Scholastikern übernommen. In diesem Sinne führte Wilhelm von Paris (auch als Wilhelm von Auvergne bekannt, 1190-1249) sie ein und erklärte sie ausführlich.

Einige glauben, dass Aristoteles die reale Unterscheidung lehrte. Wie bereits oben dargelegt, sind wir anderer Meinung.

Aristoteles, der das Problem der formalen Vielfalt und das Verhältnis der begrenzten Wesen zum reinen Akt nicht klar erkannte, konnte sich nicht explizit mit der hier behandelten Unterscheidung auseinandersetzen. Dennoch steht seiner Philosophie nichts im Wege, und man kann sogar sagen, dass er aufgrund seiner doppelten Ausrichtung auf das Konkrete des existierenden Individuums und auf die intelligiblen Werte der Wesen logischerweise in diese Richtung ging.[79]

Es ist also klar, dass:

-Einige das Seiende als eine undurchdringliche Einheit betrachten, deren Wesen und Existenz subjektiv definiert sind. Sie erkennen eine Unterscheidung des Grundes oder der Logik an: Die Realität existiert nur im Geist, der sie erfasst.

-Andere betrachten das Seiende als eine metaphysische Struktur von Wesen und Existenz, die wirklich unterschiedliche Prinzipien darstellen. Sie erkennen eine reale Unterscheidung an, die keine Unterscheidung von zuvor existierenden Dingen, sondern von voneinander abhängigen Prinzipien ist.

Die Klärung der Position in Bezug auf das aufgeworfene Dilemma wird sich auf die Lösung zentraler Probleme auswirken: die formale Vermehrung zusammengesetzter und einfacher Substanzen, ihre Begrenzung und ihre Beziehung zu Gott. Daher kommt es, dass Seiende begrenzt sind und sich vermehren, aber gleichzeitig voneinander verschieden sind.

Die Zusammensetzung von Materie und Form in den Substanzen erklärte die Vermehrung der körperlichen Sein: Die Materie nimmt die Form an und begrenzt sie dabei, aber sie vermehrt sie auch *(materia signata quantitate)*. Sie erklärt jedoch nicht die Vermehrung der Intelligenzen oder Engel, die jegliche Art von Materie entbehren. Und sie erklärt auch nicht die Realität Gottes, der in sich selbst existiert, noch seine Beziehung zu anderen Geschöpfen. Wie ist es möglich, dass begrenzte Seiende in ihrer Vielfalt nicht in einem Ganzen verloren gehen oder sich mit Gott vermischen oder alle zusammen in Gott sind, usw.? Die Versuchung des Pantheismus taucht auf. Daher ist der Geist aufgefordert, die Existenz oder Nichtexistenz einer anderen inneren Struktur für einfache Substanzen zu erforschen. Eine Struktur, die angemessen auf ihre metaphysische Realität reagiert.

Das Problem (der realen Unterscheidung) *ist tatsächlich von höchster Bedeutung und nicht bloß von Neugierde. Die gesamte Metaphysik dreht sich darum, und von ihm hängt die Unterscheidung zwischen Gott und den Geschöpfen ab. (...) Die reale Unterscheidung dieser beiden Prinzipien in den Geschöpfen wurde nach Ansicht einiger bereits in der Antike von Aristoteles gelehrt. Im Analytiken sagt der Philosoph: "Esse vero nullius est, ut petet, substantia"* (Das Sein gehört niemandem, wie es verlangt, die

Substanz). *Aus diesen Worten können wir jedoch nicht schlussfolgern, ob die von Aristoteles festgelegte Unterscheidung real oder rein logisch ist.*[80]

Sankt Thomas hat seine Option für die reale Unterscheidung nicht explizit und formell festgehalten. Tatsächlich erwähnt er noch nicht einmal den Begriff. Tatsächlich zieht Gilson es vor, von einer "realen Zusammensetzung" zu sprechen. Nach seinem Tod entstand jedoch eine Kontroverse darüber, welche Sichtweise der Aquinate hatte.

Die Kontroverse wird erst nach seinem Tod Gestalt annehmen, wenn Giles de Rom, nachdem er die Realität der Unterscheidung (real) *behauptet hatte, die Kritik von Heinrich von Gent auf sich zog. Später werden Scotus und Suarez, die die Realität der Unterscheidung* (real) *leugnen, endlose Diskussionen auslösen.*[81]

Hat der heilige Thomas die reale Unterscheidung zwischen dem, was sie sind *(id quo est)*, und dem, wodurch sie sind *(id quod est)*, bei den Seiende gelehrt? Hat er die reale Unterscheidung zwischen Wesen und *esse* gelehrt? Die Antwort muss positiv sein. Und das aus mindestens zwei Gründen::[82]

1-Historische Dokumente, die dies belegen

2-Die Werke des Engelhaften Doktors selbst

Beginnen wir mit den **historischen Dokumenten**.

1-Einer der erbittertsten Feinde von Sankt Thomas, der Averroist Siger von Brabant, behauptet in seinen Werken, dass der Aquinate die reale Unterscheidung gelehrt hat. Und natürlich widerlegt er sie, da er damit nicht übereinstimmt.

2-Martin Grabmann (1875-1949), ein großer Mediävist und Historiker, hat eine Vielzahl unveröffentlichter Dokumente aus dem 13. und 14.

Jahrhundert vorgelegt, die sich auf das echte Denken von Sankt Thomas zur realen Unterscheidung beziehen.

3-In einem Kodex der Florentiner Nationalbibliothek finden sich unter anderem Kommentare zur aristotelischen Metaphysik, die von einem anonymen Autor verfasst wurden und aus denen die Lehre des *Doctor Angelicus* hervorgeht, die der Autor ablehnt.

4-Das explizitste Dokument, das uns möglicherweise mehr Klarheit in unserer Frage verschaffen kann, stammt aus der Bibliothek der Universität Leipzig. Dort werden anonym die Bücher der aristotelischen Metaphysik kommentiert. Hier wird offen die Auffassung von Sankt Thomas zugunsten der realen Unterscheidung proklamiert. Der Autor legt die Argumente des Aquinate dar. Dann folgt die gegenteilige Theorie von Heinrich von Gent (1217-1293). Der Kommentator schließt sich letzterer an und lehnt die Argumente des *Doctor Angelicus* ab.

5-Der averroistische Philosoph Johannes Duns Scotus (1280-1328) in seinen Kommentaren zu den Büchern der aristotelischen Metaphysik. In Frage 3 des Buches IV erklärt er zunächst die Ansicht von Avicenna und geht dann zur Ansicht von Sankt Thomas über. Anschließend folgt der Beweis des Aquinate und seine entsprechende Widerlegung durch Johannes Duns Scotus.

6-Es gibt noch viele andere historische Dokumente. Sie alle stammen aus dem 13. und 14. Jahrhundert, das heißt, sie sind Zeitgenossen von oder folgen kurz nach dem heiligen Thomas. Die meisten Autoren sind Averroisten und Gegner des *Doctor Angelicus* in der Doktrin, die sie darstellen und angreifen. Grabmann zeigt, dass die Autorität und der Einfluss des heiligen Thomas an der Universität von Paris immens waren. Wie kann man dann -überlegt der weise Mediävist- denken, dass diese Autoren, alle Feinde der realen Unterscheidung, die Wahrheit missachtet und sich gegen den Aquinate gestellt haben, wo doch sein Wort der wahre Norden für das metaphysische Denken jener Zeit war?

Es ist jetzt angebracht, das Argument in Bezug auf **die Werke des heiligen Thomas** zu analysieren. In fast allen seinen Werken erklärt er seine Ansichten zur realen Unterscheidung.

Ein ausführliches Studium von Texten wäre hier unnötig, da das gesamte Werk des Doctor Angelicus auf dem Fundament dieses großen Prinzips ruht (es handelt sich um die reale Unterscheidung essentia-esse). *Der Heilige Doktor kehrt instinktiv in seinen verschiedenen Werken immer wieder dazu zurück.*[83]

1-In der *Summa Theologica*, einer wunderbaren Zusammenfassung seiner Lehre, formuliert er das Problem bei jeder Gelegenheit, hauptsächlich in:

1.1. *Pars* I. So in q. VII. a. 1 ad 3.
1.2. Im a. 2 derselben *quaestio*.
1.3. *Pars* I, q. 50 a. 2 ad 3, wo er die falsche Logik derer widerlegt, die in Engeln keine Zusammensetzung von Materie und Form finden und sie mit dem reinen Akt, Gott, identifizieren.
1.4. In *Pars* I, q. 54 a. 3 c.

Diese wenigen Beispiele mögen genügen. Der Aquinate kehrt in der *Summa* immer wieder zu derselben Thematik zurück. Er tut dies, um zahlreiche *Quaestiones* zu begründen, aber vor allem, um die unüberbrückbare Unterscheidung zwischen Gott und der Schöpfung zu bewahren: Die Schöpfung ist nicht Gott, sagt er uns. Denn sie ist nicht ihr Existenz. Während Gott sein Existenz ist, hat die Schöpfung nur ihr Existenz, das sie als etwas empfängt, das wirklich von ihrer Wesen unterschieden ist.

Aber auch über die Grenzen der *Summa* hinaus stoßen wir bald auf die gleichen klaren Aussagen.

2-Im kleinen Werk *De Spirituabilis creaturis* a.1 c.

3-In den *Quaestiones disputatae de Veritate* q. 27, a. I ad 8.

4-Deutlich ist das zu finden in seinem Kommentar *Expositio super Boetium de hebdomedibus*. Kapitel II.

5-In den *Quodlibetum III* q. 8. a. 20.

6-In der *Summa contra gentiles* Buch I, Kapitel 52-53 und 54.

7-*De Ente et Essentia*, Kapitel 5.

8-*De Potentia* a. 4.

9-In seinem Kommentar zum *Liber Primus Sententiarum*, klärt der Aquinate jede Frage zu seinem Denken auf. *Super I Sententiarum* Dist. 19, q. 2, a. 1 c.

(...) Ich möchte ein Vorurteil ausräumen, das sich vielleicht in der zuvor gegebenen Zitierung von Texten des Thomas gebildet haben könnte. Durch sie -könnte man einwenden- wissen wir, dass der Angelische eine Zusammensetzung zwischen aktueller Wesen und Existenz zulässt; aber ... Was für eine Zusammensetzung ist das? Real oder rein logisch? Die Antwort ist einfach. In allen angeführten Zitaten finden sich die Konzepte von Behälter und Empfangen, von Akt und Potenz, von Teilnehmer und Teilgenommenem. Nun, zwischen diesen Konzepten besteht nicht nur eine bloße logische Unterscheidung, sondern eine vollständig reale. Außerdem fügt der heilige Thomas hinzu, dass das Sein "kommt" zur Wesen, "cui advenit" (Summa Theologica I, q. 50, a. 2 ad 4).[84]

Eine umfassende Zusammenfassung der thomistischen Gründe für die reale Unterscheidung zwischen Wesen *(essentia)* und Sein *(esse)* finden wir in den sieben Argumenten der *Summa contra gentiles*, Buch II, Kapitel 52. Alle führen zu derselben Schlussfolgerung: Wenn in einem verursachten, geschaffenen Sein (zusammengesetzten Substanzen, menschlicher Seele und Engeln) Wesen und Existenz tatsächlich identisch wären, wäre das geschaffene Sein dann der reine Akt, nämlich Gott. Der reine Akt ist das, was weder in einem anderen empfangen noch empfangen werden kann. Schauen wir uns die drei Hauptargumente an:[85]

Erstes Argument. Angenommen, die Existenz würde aus dem Wesen selbst entstehen. Dann würden wir sofort auf Absurditäten stoßen. Wenn die Existenz in etwas nicht empfangen wird, kann ihr auch nichts hinzugefügt werden, das außerhalb ihres Konzepts liegt. Das ist offensichtlich. Der letzte Grund, warum etwas einer anderen Realität hinzugefügt wird, liegt darin, dass beide in einer dritten Realität empfangen werden, die von ihnen unterschiedlich ist. Existenz und Wesen zum Beispiel vereinen sich, aber in einem Dritten, in einem bestimmten Individuum. Wir werden niemals eine weiße Existenz finden, die nicht in einem bestimmten Wesen existiert. Existenz als Existenz kann sich nicht unterscheiden, wenn sie nicht in etwas unterschieden wird. Die Existenz des Menschen unterscheidet sich beispielsweise von der Existenz des Steins, das heißt, sie unterscheidet sich in dem Sinne, dass sie in einer wirklich unterschiedlichen Realität von sich selbst empfangen wird. Die Annahme der realen Identifikation zwischen geschaffener Wesen und Existenz führt zu einer absurden Schlussfolgerung: Die Wesen kann keine Realität haben, die von ihrer eigenen Aktualität unterschiedlich ist. Das heißt, wir müssten leugnen, dass das Individuum neben der Substanz auch Akzidenzien haben könnte. Wir würden zu dem absurden Schluss kommen, dass der Mensch oder die Kreatur im Allgemeinen keinen Akzidens hat - und haben kann.

Die Gedanken von Sankt Thomas reduzieren sich im Wesentlichen auf Folgendes: Die Existenz ist an sich reiner Akt, unfähig, daher eine Bestimmung zu erhalten, da diese immer eine Potenz oder Fähigkeit zur Empfangenen voraussetzt. Wenn es also im geschaffenen Sein keinen wirklich unterschiedlichen potenziellen Ursprung von der Existenz gäbe, wäre dieses Sein unfähig, irgendeine akzidentelle Bestimmung zu empfangen.

Zweites Argument. Wenn wir die Existenz an sich betrachten, sehen wir sie so, wie sie in ihrem Konzept ist: unendlich und einzigartig. Da sie unendlich ist, wird auch ihre Wesen unendlich sein. Wir nehmen an, dass sie wirklich identifiziert sind, dass es keinen realen Unterschied zwischen ihnen gibt, sondern nur einen logischen Unterschied. Infolgedessen wird alles, was für die Existenz gilt, auch für die Wesen gelten. Daher wäre die Kreatur auch unendlich.

Und hier gibt es keinen Ausweg; Denn wenn wir versuchen, uns aus der Schwierigkeit zu befreien, indem wir sagen, dass die Existenz, obwohl sie an sich unendlich ist, dennoch durch die Wesen begrenzt wird, in der sie empfangen wird, werden wir immer wieder dasselbe Problem haben: Aber ... wenn sie empfangen wird, ist sie nicht wirklich das Wesen, und dann unterscheiden sie sich wirklich voneinander.

Drittes Argument. Dieses basiert auf den Begriffen von Wesen und Existenz selbst. Wir können das Wesen einer Sache betrachten, ohne den Begriff der Existenz in ihrem formalen Konzept einzubeziehen. Wir können ein Seiendes so betrachten, wie es ist, ohne von seiner Aktualität zu sprechen.

Wesen und Existenz, *essentia* und *actus essendi*, sind absolut unfähig, in der Realität unabhängig voneinander zu existieren. Sie existieren nicht isoliert voneinander. Das Seiende ist das Seiende, das sie zusammensetzt. Sie sind zwei korrelative Prinzipien. Sie treten in der Realität auf, indem sie eine Substanz oder ein Seiendes bilden.

In dieser Zusammensetzung lehrt der Heilige Thomas, dass das *esse* (Akt des Seins) die Rolle des Akts und das Wesen die Rolle der Potenz spielt. Das Wesen wird als eine tatsächliche Fähigkeit dargestellt, Existenz zu empfangen, die ein Akt ist. Der Akt des Existierens. Der Akt des Seins. Das Wesen empfängt die Existenz, aber nicht wie eine Substanz ein Akzidens empfängt. Die Existenz ist keine Hinzufügung. Sie ist der Akt, der dem Wesen das Sein oder die Existenz gibt. Gleichzeitig verleiht die Existenz, insofern sie als Akt fungiert, dem Seienden oder der Substanz die letzte Vollkommenheit, da sie es in die konkrete außermenschliche Realität bringt, begrenzt durch das Wesen, das sie empfängt.

11. DIE FORM UND DER *ACTUS ESSENDI*

Bei Aristoteles und bei Sankt Thomas ist das Seiende oder die Substanz "was ist". Der Stagirite betont in der Formel das "was" und der Aquinate das "ist". Daher ist die Metaphysik des Ersteren essentialistisch und die des Letzteren existentiell.

Aristoteles reflektiert über die Natur des Seienden. Was das Seiende formal ist. Das Existieren des Seienden ergibt sich aus seinem Wesen. Es gibt keine real, sondern nur eine logische Unterscheidung.

Sankt Thomas reflektiert über das Existieren des Seienden. Was das Seiende existenziell ist. Das Existieren des Seienden erfordert einen Akt, der es in die außermenschliche Realität setzt. Das Existieren wird ihm "hinzugefügt", wird Gilson sagen. Es gibt eine reale Unterscheidung. Für diesen herausragenden Autor sind die Seienden durch den Akt des Seins *(esse)* und nicht durch "was" sie sind *(essentia)*.

Es ist eine Sache, nach dem zu fragen, was ein Sein ist: *Quod sit?*, und eine andere, zu fragen, ob es existiert: *An sit?*

Wie wirkt die Form im thomistischen Schema? Ob es sich um eine einfache oder zusammengesetzte Substanz handelt, die Form verleiht der Substanz das Sein. Wo Form ist, ist Sein. Es gibt jedoch eine Unterscheidung.

In zusammengesetzten Substanzen gibt die Form das Sein in ihrer eigenen Ordnung, der formalen oder substantiellen. Denn sie benötigt die Materie, um die Wesen zu bilden. Dies ist Materie und Form. Die Form ist nicht die effiziente Ursache des Seins in zusammengesetzten Substanzen. Sie ist die formelle Ursache ihres Seins.

In einfachen Substanzen ist die Form die Wesen. Diese Substanzen, die von der Materie unabhängig sind, erhalten ihr Sein direkt von der Form; in diesem Fall ist sie die formelle und effiziente Ursache ihres Seins.

Nun, wir sprechen vom Sein, das der Form verleiht. Dies ist jedoch ein Sein in der formalen oder substantiellen Ordnung. Es ist nicht das thomistische *esse*. Es ist das Sein, das allen Seiende gemeinsam ist, selbst den Seiende der Vernunft.

Es gibt eine andere Ordnung. Die existenzielle Ordnung. In dieser Ordnung ist das Seiende, das formal ist, noch nicht existenziell. Warum? Weil es nicht den Akt des Seins oder des Existierens empfangen hat. Der *actus essendi*.

Der *actus essendi* verleiht dem Seiende *(ens)* das Existieren. Die Konsequenz ist die Existenz des *ens*. Aber die Form ist es, die dem Seiende das Sein gibt und, zusammengesetzt mit der Materie -der sie auch das Sein verleiht- das Seiende zu dem macht, was es ist. Die Form ist immer Akt. In seiner eigenen Ordnung, der formalen. Aber sie ist im existenziellen Ordnung in Potenz. Die Ordnung des *esse*. Dieses aktualisiert es und bestimmt ein Seiende, das existiert. Jetzt hat das ens die Fülle des Seins. Weil es existiert.

Der *actus esse*ndi ist wahrhaftig vereint mit dem Wesen des Seienden in seiner Vollkommenheit. Denn das Existieren ist die höchste Vollkommenheit. Es ist der vollkommenste Akt. Es ist der Akt, der das Seiende in die außermenschliche Realität setzt. Nachdem das *esse* empfangen wurde, existiert das Seiende in seiner ganzen Vollkommenheit und Perfektion. Jetzt sowohl in der formalen als auch in der substantiellen Ordnung sowie in der existenziellen.

Die Form strukturiert das Seiende, damit es das *esse* empfängt. Der Akt des Existierens fällt ins Leere, wenn eine Form ontologisch keine Substanz strukturiert hat. Wenn eine Form der Substanz nicht das formelle Sein verliehen hat. Wenn eine Form die Substanz nicht aktualisiert hat, kann diese schlicht und einfach das Existieren nicht empfangen, weil sie nicht wäre.

Die Form ist der Akt, der der Substanz das Sein verleiht. Wenn sie zusammengesetzte Substanzen sind, ist sie der Akt, der die Materie konfiguriert und der Substanz das Sein verleiht. In Verbindung mit der Materie bildet sie ihr Wesen, das die Substanz zu "solcher" Substanz oder Seiendem macht und nicht zu "einem anderen" Substanz oder Seiendem. Die Form erhält ihren Akt der Form nicht von einer anderen Form. Sie hat keine formelle Ursache für ihr Sein als Form. Sie ist in der formalen (substantiellen) Ordnung höchst.

Sankt Thomas wird in der *Summa Theologiae* sagen:

Das Existieren gehört der Form als solcher zu, da alles insofern Sein in Akt ist, als es Form hat, und auch die Materie ist in Akt als Form. Daher hört das aus Materie und Form zusammengesetzte Sein auf, in Akt zu existieren, wenn sich die Form von der Materie trennt.[86]

Um zu existieren -das heißt, um in ihrer Vollkommenheit zu sein-, muss die Substanz das *esse* empfangen. Tatsächlich ist sie in der Lage, es zu empfangen. Die Form kann der Substanz nicht das *esse* geben. Sie kann auch keine Ursache ihres eigenen Seins sein. Sie muss das *esse* von außen empfangen, aus der existenziellen Ordnung. Der Akt, der bewirken wird, dass die Substanz, die formal ist, tatsächlich wird, das heißt, existiert, ist der Akt des Seins -*actus essendi*-. Dieser Akt ist keine Form. Es ist ein existenzieller Akt. Es ist ein Akt einer anderen Ordnung als der formalen oder substantiellen.

Die Seienden sind durch die Form, aber sie sind nicht ohne den Akt des Seins. Das esse ist für den heiligen Thomas das Innerste und Eigentümlichste eines Seienden.

Jedes Seiende empfängt seinen eigenen Akt des Seins. Das heißt: Jede Substanz wird in die existenzielle Ordnung gesetzt durch das *esse*, das sie von der Wesen dieser Substanz empfängt, die es begrenzt und dadurch in dem Maße unvollkommen macht, wie die eigene Wesen es zulässt.

So unterscheidet sich in jedem Seienden das Wesen dieses Seienden auf der einen Seite und der Akt des Seins, den es auf der anderen Seite empfängt. Sie kombinieren sich, um das Seiende in die Existenz zu setzen. Sie unterscheiden sich auch tatsächlich, da sie ein Seiendes bestimmen, das durch sein eigenes Wesen unterschieden ist.

Das thomistische Seiende hat sein eigenes Sein, das sich von jedem anderen unterscheidet; das Sein kann nicht univok von zwei Substanzen ausgesagt werden, es wäre notwendig, dass beide nur ein gemeinsames Sein hätten und folglich nur eine einzige Sache wären. Da der Akt des Seins bei allen dasselbe bewirkt, können sie nur durch ihre Wesen oder Natur differenziert werden. Dinge sind unterschiedlich in dem, was sie von verschiedenen Naturen haben, aufgrund dessen sie das Sein auf unterschiedliche Weisen erwerben.[87]

Es gibt andere Seiende, die dieselbe Wesen teilen. Aber jeder von ihnen muss in die existenzielle Ordnung durch seinen eigenen Akt des Seins gestellt werden. Dies unterscheidet ein Seiendes von einem anderen derselben Wesen. Daher sagt Gilson, dass die Unterscheidung und Kombination von *esse* und *essentia* genauso real ist wie die, die ein wirklich existierendes Seiendes von einem anderen wirklich existierenden Seienden unterscheidet.

Daher kommen wir zu dem Schluss: Für Sankt Thomas ist das Seiende das, was es ist. Das heißt: was das *esse* hat. Die formal strukturierte Substanz, deren Wesen (bei zusammengesetzten Substanzen) oder deren Form allein (bei einfachen Substanzen) den akt des Existierens empfangen hat.

Sankt Thomas geht über Aristoteles hinaus, der beim Seienden stehen bleibt, das das formale Sein empfangen hat. Das Sein der Form. Das in der formalen oder substantiellen Ordnung bleibt. Aristoteles erklärt nicht die Existenz des Seienden. Denn er bleibt bei der Substanz. Wie kann das formal zusammengesetzte Seiende Existenz haben? Ist das Seiende seine eigene effiziente Ursache in der existenziellen Ordnung? Es scheint, dass die Ursache seiner Existenz er selbst ist. Als ob das Wesen seine eigene Existenz wäre. Als ob Existenz und Wesen dasselbe wären. Aber das Seiende kann nicht die Ursache seiner eigenen Existenz sein. Dies wird weder von Aquin noch vom gesunden Menschenverstand akzeptiert.

Wenn es eine Verwechslung gäbe, d. h. wenn esse (Existenz) nicht aliud (etwas anderes) vom Wesen (id quod est) wäre, da alle Substanzen derselben Art dasselbe Wesen haben, wäre die Existenz der einen für alle anderen dasselbe und sie könnten nicht voneinander unterschieden werden. Das heißt, wenn alle Orangenbäume, die notwendigerweise an demselben Prinzip der Vernunft oder des Wesens teilhaben, auch den Akt des Existierens gemeinsam hätten, wären sie alle ein und dasselbe Ding - was offensichtlich falsch ist.[88]

12. GOTT

Das Thema Gott wird im nächsten Band der *Einführung in die thomistische Metaphysik* behandelt werden. Lassen Sie uns mit ein paar kurzen Gedanken schließen.

Die Seienden in der Realität sind kontingent: Sie sind, könnten aber nicht sein. Ihre Existenz ist nicht notwendig *per se*. Dies gilt sowohl für die zusammengesetzten Substanzen aus Materie und Form als auch für die Intelligenzen.

Alle Substanzen oder Wesen[89] haben den Akt des Seins von außen erhalten. Alles, dessen Existenz von seiner Natur verschieden ist, erhält seine Existenz von einem anderen. Es ist daher offensichtlich, dass die Existenz nicht von ihnen selbst ausgeht, sondern von einem anderen gesetzt wurde. Kein Seiende oder keine Substanz kann sich das Sein selbst geben.

Diese Frage führt uns zum Prinzip der effizienten Kausalität. In der Kette der Ursachen werden wir nicht ins Unendliche gehen. Erstens, weil wir nicht wissen, ob solch ein Unendliches existiert. Zweitens, weil wir damit nichts erklären würden. Metaphysisch ist die Ursache das, was dem Verursachten das Sein gibt. Im Schema der Ursachen wird es Sekundärursachen geben und vielleicht mehr, aber wenn wir uns metaphysisch orientieren, werden wir eine Erste Ursache des Seins finden. Etwas, das folglich von sich selbst existiert. Das seine Existenz von nichts anderem erhält und die Existenz aller Seienden erklärt. Es ist die Endstation der Kette der Ursachen für die Existenz. Es ist Gott. Reines Akt. Das *Esse per se subsistens*.

Nun, was durch ein anderes ist, kann keine erste Ursache haben, die mehr ist als das, was von sich selbst ist. Es ist daher notwendig, dass ein Sein existiert, als erste Ursache für alle Existenz dieses Genres, ein Sein, in dem Wesen und Existenz eine einzige und dieselbe Sache sind. Dieses Sein nennen wir Gott. (...) Gott ist das Sein selbst (ipsum Esse), in sich und ohne jegliche Zusätze, denn alles, was ihm hinzugefügt werden könnte, würde es begrenzen und bestimmen (...) Was in den anderen Seienden als "Wesen" bezeichnet wird, ist in Gott der Akt des Existierens.[90]

Bei Aristoteles ist die Welt ewig und ungeschaffen. Der Erste unbewegte Beweger erklärt die Ursache der Bewegung und die formale Existenz der Substanzen. Aber es fehlt ihm ein *actus essendi*, der den bereits formal konstituierten Substanzen das *esse* gibt. Aristoteles hat das Problem der Existenz nicht betrachtet.

Der Gott von Aristoteles und des Averroismus kann nicht Ursache für ein anderes Sein sein als das, was Aristoteles gekannt hat, nämlich das Sein der Substanz, durch das ein Sein ist, was es ist.[91]

In der thomistischen Metaphysik tritt die **Schöpfung** auf.

Die Art und Weise, wie das gesamte Sein aus seiner universellen Ursache, Gott, hervorgeht, wird als Schöpfung bezeichnet. Die Schöpfung bedeutet entweder den Akt, durch den Gott erschafft, oder das Ergebnis dieses Aktes, nämlich seine Schöpfung.[92]

Bei Thomas von Aquin ist die Welt geschaffen. Sie ist nicht ewig wie bei Aristoteles.

Gott schuf die Welt aus dem Nichts, im Sinne, dass nach dem Nichts das Sein erschien. Nicht im Sinne, dass das Nichts eine bestimmte Art von vorausgehender Materie war, aus der Gott das Sein entstehen ließ. Schaffen ist die eigene Handlung Gottes, und ihre Wirkung ist das Sein. Schaffen bedeutet, das Sein der Dinge zu verursachen oder zu erzeugen.

Gott produziert die Seienden und gibt ihnen das Sein. Außerhalb von Ihm sind alle Sein kontingent, da sie das *esse* empfangen und durch Teilnahme genießen. Gott gibt ihnen nicht ihr eigenes Sein: das wäre unmöglich. Er gibt ihnen das Sein, das in Verbindung mit der Wesen eines jeden die vielfältige Existenz der Realität erklärt. Gott teilt das Sein durch den Akt der Schöpfung mit.

Gott ist äußerst einfach. Es gibt keine Zusammensetzung von Materie und Form, Akt und Potenz, Wesen und Existenz in Ihm. Er ist reines Sein. Sein Sein ist sein Existieren. Er ist der einzige Notwendige. Alles andere, was existiert, ist kontingent. Gibt es ein Wesen in Gott? Dies ist ein Thema, das hier nicht entwickelt werden sollte. Lassen Sie uns vorausschicken, dass es unterschiedliche Meinungen dazu gibt. In jedem Fall werden wir sagen, dass es kein Wesen gibt, das mit einem Akt des Seins zusammengesetzt ist, denn Gott ist sein eigener *actus essendi*.

Die Erklärung dieser Konzepte führt uns zum nächsten Band dieses Werkes, der genau *Gott* genannt wird. Ein äußerst umfangreiches Thema an sich, das zusammen mit dem Prinzip der effizienten Kausalität den größten Beitrag des Engelhaften Doktors zur Metaphysik ermöglicht: Das Sein an sich selbst kann erkannt werden.

Wir sollten nicht im aristotelischen Seiende überwintern. Oder uns in der Substanz und ihren Akzidenzien erschöpfen, um die Fülle des Seins zu erfassen. Anstrengungen, deren Ergebnisse uns weit entfernt von der Zufriedenheit lassen. Das schwer fassbare Sein an sich selbst entweicht uns. Aber Aquin warnt uns davor, dass es Gott ist. Und er lädt uns ein, es mit ihm zu erforschen. Unser Verständnis kann es erfassen. Sicherlich mit Mühe und Schwierigkeiten, wie alles Wichtige im Leben.

ZUM ABSCHLUSS

1-Welches Werk von Sankt Thomas ist unerlässlich für das Studium von Wesen und Existenz?

Das Thema der Wesen und Existenz erfordert einen Verweis auf ein kleines Werk von Sankt Thomas mit dem Titel *De ente et essentia (Über das Seiende und das Wesen).*

2-Welche Merkmale hat *De ente et essentia*?

Es handelt sich um eine kurze Schrift aus seiner Jugend, die als das erste authentische Werk des Engelhaften Doktors anerkannt wird. Es gibt keine Einigkeit über das genaue Datum ihrer Entstehung. Die Meinung von Roland Gosselin, einem angesehenen Forscher dieses Traktats, der behauptet, dass es im Jahr 1254 in der Stadt Paris verfasst wurde, verdient ernsthafte Beachtung. Der Einfluss der islamischen Philosophie lässt sich an Al-Farabi und Avicenna ablesen. Es handelt sich um eine rein philosophische Abhandlung. Es ist in Kapitel unterteilt. Sechs oder sieben, je nach Ausgabe. Den Kapiteln ist ein Proömium vorangestellt. In älteren Katalogen trägt sie auch den Titel *De quidditate et esse.*

3-Was ist für Aristoteles eine "Definition"?

Eine Definition ist ein geistiger Prozess, durch den ein Mittelbegriff gefunden wird, der es ermöglicht zu wissen, was ein gegebenes Seiende ist. Sie ergründet das Wesen des Seienden, das heißt, das, was das Seiende zu dem macht, was es ist. Die Definition sagt mir, was die Sache ist, kann mir aber nicht sagen, dass die definierte Sache existiert.

4-Was ist für Aristoteles eine "Demonstration"?

Es ist der Prozess, durch den die Prinzipien der Dinge dargelegt werden. Überlegen der einfachen Definition, zeigt sie den "formalen" Ursprung, von dem das Seiende stammt. Die Demonstration ist geeignet, um die Existenz des Seienden und die Gründe, warum das Seiende existiert, zu unterscheiden.

5-Wie verknüpft Aristoteles Substanz mit Wesen und Existenz?

Für Aristoteles ist nur das individuelle Seiende oder Substanz richtig. "Substanz" bedeutet die Zusammensetzung von Materie und Form. Diese nennt er die erste Substanz. Er erkennt jedoch auch eine Substanz an, die auf das allgemeine Seiende angewendet wird. Diese ist nicht im eigentlichen Sinne, sondern nur in einem abgeleiteten und sekundären Sinne. Diese nennt er die **zweite Substanz**. Die Wesen ist die zweite Substanz, die in der ersten Substanz enthalten ist. Sie ist das "Was" der ersten Substanz, das sie zu dem macht, was sie ist. Auf der anderen Seite setzt die Existenz das individuelle Seiende (erste Substanz) voraus und somit auch die Wesen (zweite Substanz). Die Existenz sagt mir, dass das Seiende in der Realität außerhalb des Denkens existiert. Für den Stagiriten ist die Unterscheidung zwischen Wesen und Existenz eine logische Unterscheidung.

6-Wer war Al-Farabi?

Er war ein herausragender islamischer Philosoph, der von etwa 870 bis 950 lebte. Maimonides und Averroes nannten ihn den "Zweiten Lehrer" in Bezug auf Aristoteles (den "Ersten Lehrer"). Er half dabei, die islamische Welt mit der Philosophie von Aristoteles vertraut zu machen. Er machte die Philosophie zu einem eigenständigen Bereich, getrennt von der Theologie.

7-Was dachte Al-Farabi über die Wesen und Existenz von Seiende?

Er vertrat die Auffassung, dass die Dinge dieser Welt kontingent sind: Ihre Wesen implizieren nicht ihre Existenzen. Bei diesen Seienden ist die Existenz ein Akzidens. Er ist der Meinung, dass die körperlichen Seienden aus Materie und Form zusammengesetzt sind. Die Dinge haben ihre Existenz von etwas oder jemandem erhalten. Er kommt zu dem Schluss, dass ein Sein zugelassen werden muss, das wesentlich und notwendigerweise existiert und das die Ursache für die Existenz aller kontingenten Seiendes ist. Er bezieht sich dabei offensichtlich auf Gott.

8-Wer war Avicenna?

Avicenna (980-1037) gilt als der eigentliche Schöpfer eines scholastischen Systems in der islamischen Welt. Seine intellektuellen

Interessen erstreckten sich auf verschiedene Wissensgebiete: Philosophie, Logik, Mathematik, Theologie, Rechtswissenschaft und Medizin.

9-Was dachte Avicenna über das Wesen und die Existenz von Seiendem?

Das Wesen einer Seiende impliziert nicht unbedingt ihre Existenz. Sie beweist die Notwendigkeit einer ursachenlosen ersten Ursache. Dieses ursachenlose Sein, das notwendige Sein, kann seine Wesen nicht von einem anderen erhalten, noch kann seine Existenz Teil seiner Wesen sein, da eine Zusammensetzung in Teile eine vorherige vereinigende Ursache voraussetzen würde. Wesen und Existenz sind im notwendigen Sein identisch. Das kontingente oder mögliche Sein hingegen kann existieren oder nicht. Um zu existieren, braucht es eine äußere Ursache, die das notwendige Sein ist. Alle kontingenten oder möglichen Seiende besitzen eine Wesen, aber nicht unbedingt eine Existenz. Die Existenz wird ihnen von einem anderen Agens gegeben (dem notwendigen Sein oder Gott). In diesem Sinne wird die Existenz möglicher oder kontingenter Seienden immer ein Akzidens sein, der ihnen zustößt.

10-Wer war Averroes?

Averroes (1126-1198) gilt als der herausragendste der islamischen Philosophen. Er wurde "Der Kommentator" genannt und war der wichtigste Kommentator von Aristoteles. In einigen Fällen ist es schwer, sein eigenes Denken von dem originalen aristotelischen Denken zu unterscheiden. Im Gegensatz dazu bezeichnete ihn Sankt Thomas als "Den Verderber", da er glaubte, dass er die wahre aristotelische Lehre verfälscht hatte. Averroes studierte Theologie, Recht, Medizin, Mathematik und Philosophie. Er kritisierte Avicenna stark und betrachtete ihn, wie auch Al-Farabi, als neuplatonisch orientiert.

11-Was dachte Averroes über das Wesen und die Existenz von Seienden?

Er tadelte Avicenna dafür, dass er die Existenz als einen Akzidens der Wesen betrachtete. Er wies darauf hin, dass auf diese Weise konzipierte Seiende mit bedingter Existenz einfach mögliche Seiende sind. Für ihn braucht das Wirkliche kein anderes Sein als seine eigene Realität, um zu existieren. Die Existenz ist der Modus der Wesen. Das heißt, sie ist weder die Wesen noch ein Teil der Wesen (sie ist weder Materie noch Form), noch etwas von der wesentlichen oder substantiellen Verbindung).

12-Welchen Einfluss hatte Averroes auf die westliche Philosophie?

Sein Einfluss im Christentum des 13. Jahrhunderts war enorm. Er gab Anlass zu einer Schule, deren wichtigste Figur der berühmte Gegner von Thomas von Aquin, <u>Siger von Brabant</u> (1240-1285), war. Sie wurden als "vollständige Aristoteliker" oder einfach "Averroisten" bezeichnet, obwohl sie sich selbst eher als Aristoteliker denn als Averroisten sahen. Die Auswirkungen ihres unkritischen Aristotelismus auf die Theologie waren heterodox und stellten offen die christliche Lehre infrage.

13-Was erkennt unser Verstand laut Thomas von Aquin in der Einleitung zu *De ente et essentia* zuerst?

Unser Verstand erfasst zuerst das Seiende und die Wesen der Dinge. Dies ist das Prinzip, von dem die Intelligenz ausgeht, um die Wahrheit zu erforschen. Unser Wissen beginnt mit der sinnlichen Wahrnehmung des Seienden und erreicht seinen Höhepunkt im Verständnis, das es in seiner Wesen erfasst. Daher glaubt Thomas von Aquin, dass wir mit dem Sinn des Seienden beginnen müssen, um den Sinn der Wesen zu erreichen.

14-Welche grundlegenden Prinzipien der thomistischen Metaphysik ergeben sich aus der Einleitung zu *De ente et essentia*?

Folgende grundlegende Prinzipien der thomistischen Metaphysik ergeben sich aus der Einleitung zu *De ente et essentia*: 1-Das einfachste und erste in der Ordnung des Wissens (Seiendes und Wesen) ist das letzte und komplexeste in der Ordnung des Seins. Und das einfachste und erste in der Ordnung des Seins (einfache Substanzen: Gott, Engel und die menschliche Seele) ist das letzte und komplexeste in der Ordnung des Wissens. 2-Vom Wissen über einzelne Seiende steigen wir zum Wissen über Allgemeines auf. 3-Vom Wissen über zusammengesetzte Substanzen steigen wir zum Wissen über einfache Substanzen auf. 4-Vom Wissen über frühere Seiende steigen wir zum Wissen über spätere Seiende auf. Dies erlaubt es ihm, eine Methode zu bestätigen: Um das Verständnis der Wesen zu erreichen, ist es notwendig, vom Seienden auszugehen. Das heißt, vom Sinn des Seienden zum Sinn der Wesen zu gelangen.

15-Wie wird das Seiende in seinem eigentlichen und universellen Sinne genannt?

Obwohl das Seiende auf viele Modus ausgedrückt werden kann, wird das Seiende in seinem eigentlichen und universellen Modus nur auf zwei Arten ausgedrückt: <u>Erster Modus</u>: Die zehn Kategorien, zu denen die Substanz und die neun Akzidenzien gehören. <u>Zweiter Modus</u>: Die Wahrheit der Aussagen.

16-Welchem Modus entspricht das Wesen?

Das Wesen wird nicht aus dem Seienden gemäß dem zweiten Art, sondern gemäß dem ersten Art abgeleitet. Daher wird nur von Wesen gesprochen, wenn es um Substanzen und Akzidenzien geht. Außerhalb dieser Fälle gibt es kein Wesen.

17-Wie wird das Wesen ausgedrückt?

Das Wesen wird auf verschiedene Arten ausgedrückt: 1-Das Wesen, als das, was durch die Definition gemeint ist, wird auch als Quiddität bezeichnet. Das Wesen als Quiddität ist das definierte Wesen. Sie beantwortet die Frage: *Quid est res?* (Was ist die Sache?) 2-Das Wesen als die Natur des Seienden. Dies wird in zwei Sinnen verstanden: 2.1-Die Natur als alles, was vom Verstand erfasst werden kann. 2.2-Die Natur als die eigene Neigung des Seienden, seine eigenen Operationen auszuführen. Das Wesen wäre die Substanz im dynamischen Sinne. Die eigentliche Natur wäre die Substanz im statischen Sinne. 3-Das Wesen als Form. Von der Form (die Form verleiht der Substanz das Sein".) wird das Wesen eines jeden Seienden ausgedrückt, da die Form Unterscheidung impliziert. Durch die Form wird die Gewissheit jedes Dinges ausgedrückt.

18-Wie wird das Seiende ausgesagt?

Das Seiende wird auf viele Arten ausgesagt. Aber es wird im absoluten und primären Sinne nur von der Substanz ausgesagt. Die Vorherrschaft des

Seienden gilt der Substanz. In diesem Punkt folgt Thomas von Aquin Aristoteles, der bereits in seiner *Metaphysik* festgestellt hatte, dass die Substanz das Erste im Begriff, im Verständnis und in der Zeit ist. Sekundär und in gewisser Weise wird das Seiende auch von den Akzidenzien ausgesagt.

19-Wo finden wir das Wesen?

Wir finden es genau genommen in den Substanzen. Aber relativ und in gewissem Sinne auch in den Akzidenzien. Ebenso erscheint das Wesen sowohl in den zusammengesetzten Substanzen (die Materie und Form haben) als auch in den einfachen Substanzen (die nur Form haben). Aber seine Anwesenheit ist in den einfachen Substanzen wahrer und edler als in den zusammengesetzten. Das liegt daran, dass die einfachen Substanzen ein edleres Sein haben und die Ursache der zusammengesetzten Substanzen sind (zumindest ist Gott -die einfache erste Substanz- die erste Ursache).

20-Welche Substanzen und daher welche Wesen sind uns zugänglicher?

Die zugänglichsten für unser Verständnis sind die zusammengesetzten Substanzen, die im Wissen vorangehen, aber im Sein nachfolgen. Die am wenigsten zugänglichen sind die einfachen Substanzen, die im Wissen nachfolgen, aber im Sein vorangehen.

21-Was ist die Wesen der zusammengesetzten Substanzen?

Sie ist die Zusammensetzung von Materie und Form.

22-Wie ist die Materie, die die Wesen bildet?

Die Materie, das Prinzip der Individualisierung, das die Wesen der zusammengesetzten Substanzen bildet, ist nicht irgendeine Materie, sondern nur die *materia signata*. Diesen Ausdruck entlehnt Thomas von Aquin von Avicenna.

23-Was ist die *materia signata*?

Die *materia signata* ist die Materie, die unter bestimmten Dimensionen betrachtet wird. Die Thomistische Formel lautet: *materia signata quantitate*: Die Materie, die durch die Quantität getrennt und markiert ist, als ob sie mit einem besonderen und exklusiven Siegel versehen wäre, das das Subjekt zu einem individuellen, unveräußerlichen und nicht teilbaren Sein macht.

24-Was sagt die Thomistische These XI dazu?

Die Thomistische These XI besagt: *Die durch Quantität gekennzeichnete Materie ist das Prinzip der Individuation, das heißt der numerische Unterscheidung –die es bei reinen Geistern nicht geben kann– des einen Individuums vom anderen in derselben spezifischen Natur.*

Las declinaciones corregidas son las siguientes:

25-Wie unterscheidet sich die *materia signata* von der *materia non signata*?

Diese Unterscheidung besteht darin, dass in der Definition eines bestimmten Seienden die *materia signata* enthalten ist, die aufgrund ihrer eigenen Merkmale vollständig bestimmbar ist. In der Definition eines universellen Seienden ist jedoch keine *materia signata* enthalten, sondern *materia non signata*, d.h., Materie, die nicht durch die Quantität geprägt ist. Dies liegt daran, dass in der Definition eines universellen Seienden, wie zum Beispiel des universellen Seienden "Mensch", nicht die Materie und Form eines einzelnen Seienden berücksichtigt werden, sondern die Materie und Form aller Menschen in absoluter Weise.

26-Was sind einfache Substanzen?

Einfache Substanzen, auch von Materie getrennte Substanzen oder intellektuelle Substanzen genannt, sind in aufsteigender Bedeutung: die menschliche Seele, die Engel oder Intelligenzen und Gott.

27-Was ist laut Thomas von Aquin der stärkste Beweis dafür, dass einfache Substanzen keine Materie haben?

Thomas von Aquin argumentiert, dass der stärkste Beweis dafür, dass einfache Substanzen jegliche Art von Materie nicht haben, von ihrer Fähigkeit zu denken herrührt.

28-Wann ist die Form einer Substanz im Akt?

Die Form einer Substanz oder eines Seienden ist immer im Akt in dem Seienden, das aus Materie und Form zusammengesetzt ist. Solange sie nicht vom Zusammengesetzten aktualisiert wird, befindet sich die Form im Potenzialzustand. Die Form ist jedoch nur im Akt intelligibel.

29-Wie versteht unsere Intelligenz die Form?

Um die Form einer zusammengesetzten Substanz zu verstehen, muss unser Intellekt sie von der Materie abstrahieren. Dadurch wird die Form aktualisiert und intelligibel.

30-Wie sollte der Intellekt sein, um die abstrahierte Form zu empfangen?

Der Intellekt, der die abstrahierte Form von der Materie empfängt, muss von jeder Art von Materie befreit sein. Nur so wird die Form im Akt gesetzt und intelligibel gemacht.

31-Was passiert mit anderen einfachen Substanzen, die nicht die Seele sind, wenn sie die Formen von zusammengesetzten Substanzen abstrahieren müssen?

Das Gleiche, was für die menschliche Seele gesagt wurde, gilt auch für die Intelligenzen und Gott. Jede Spur von Materie in diesen einfachen Substanzen würde sie daran hindern, die Formen der zusammengesetzten Substanzen zu abstrahieren und zu empfangen und sie in den Akt zu setzen.

32-Wie sind einfache Substanzen zusammengesetzt?

Die Zusammensetzung einer einfachen Substanz (anstatt Materie und Form wie bei zusammengesetzten Substanzen) besteht aus Wesen und Akt des Seins oder, gleichbedeutend, Wesen und Akt des Existierens oder Wesen und Existenz.

33-Kann Materie ohne Form existieren?

Die Form gibt der Materie das Sein. Daher ist es unmöglich, dass Materie ohne Form existiert.

34-Kann Form ohne Materie existieren?

Es ist möglich, dass Form ohne Materie existiert, da die Form als Form keine Abhängigkeit von der Materie hat.

35-Welche Unterschiede können zwischen einfachen und zusammengesetzten Substanzen festgestellt werden?

Wir können folgende Unterschiede feststellen: 1-Das Wesen der zusammengesetzten Substanz kann auf zwei Arten ausgesagt werden: als Teil oder als Ganzes der zusammengesetzten Substanz. Das Wesen der einfachen Substanzen kann jedoch nur als das Ganze des Seienden ausgesagt werden. 2-Die Wesen der zusammengesetzten Substanzen vermehren sich entsprechend der Teilung der Materie. Das Wesen einer einfachen Substanz, die nicht von der Materie empfangen wird, kann sich numerisch nicht vermehren. Es kann keine Individualisierung geben. Daher gibt es in einfachen Substanzen nicht viele Individuen derselben Art, sondern jede Wesen ist eine Art. Die Arten vermehren sich, nicht die Individuen.

36-Wie ist das Wesen Gottes?

Das Wesen Gottes ist sein eigenes Sein. Für Thomas von Aquin stimmt Wesen und Sein oder Existenz in Gott überein. Die Quiddität Gottes ist seine Existenz.

37-Wie ist das Wesen bei Engeln oder Intelligenzen?

Im Fall der Engel unterscheidet sich das Wesen (die reine Form ohne Materie) von der Existenz. Sie empfangen ihr Sein oder ihre Existenz von Gott. Daher ist ihre Existenz endlich und begrenzt. Aber ihr Wesen oder ihre Quiddität ist absolut, da sie in keiner Materie empfangen wird.

38-Wie ist das Wesen in der menschlichen Seele?

Die menschliche Seele ist eine einfache Substanz, aber nicht völlig frei von einer Beziehung zur Materie. Tatsächlich gibt es eine Beziehung jeder menschlichen Seele zu einem Körper. Daher gibt es eine Vermehrung von Individuen derselben menschlichen Art. Das Wesen der menschlichen Seele an sich ist eine Form. Diese Form in Verbindung mit dem Körper ist das Wesen des Menschen.

39-Wie ist das Wesen von Akzidenzien?

Das Wesen von Akzidenzien tritt auf einem Seienden oder einer Substanz auf, die bereits in ihrem Wesen und ihrer Existenz vollständig und bestehend ist. Die Inhärenz erzeugt ein bestimmtes Seiendes: die akzidentellen Seienden, die keine Seienden *per se* sind, sondern nur als mit der Substanz in Beziehung stehend betrachtet werden können. Aus dieser Verbindung von Substanz und Akzidenzien ergibt sich keine vollständige Wesen wie bei der Verbindung von Form und Materie. Und genauso wie der akzidentelle Seiende in gewisser Weise als Seiender betrachtet werden kann, kann auch sein Wesen in gewisser Weise bezeichnet werden.

40-Wie folgt die Akzidens der Substanz?

Das Akzidens folgt der Substanz, die sich aus Materie und Form zusammensetzt. Dies geschieht auf unterschiedliche Weisen: 1-Einige Akzidenzien folgen ausschließlich der Form der Substanz. 2-Andere folgen der Form in Beziehung zur Materie. Aber kein Akzidens folgt der Materie ohne Beziehung zur Form.

41-Was ist der *actus essendi*?

Die *actus essendi* ist der Akt, der es einem Wesen ermöglicht, das Sein in seiner Fülle zu haben. Dieser Zustand, das vollständige Sein, wird treffenderweise Existenz genannt.

42-Mit welchen anderen Begriffen kann der *actus essendi* noch bezeichnet werden?

Er kann auch als *esse*, Akt des Seins, Akt des Existierens oder *quo est* bezeichnet werden.

43-Mit welchen anderen Begriffen kann das Wesen noch bezeichnet werden?

Sie kann auch als *essentia*, Quiddität oder *quod est* bezeichnet werden.

44-Wann existiert ein Seiendes?

Ein Seiendes existiert, wenn es aktuell ist, nicht wenn es in Potenz ist. Der Akt des Seins bringt das Seiende in die Realität. Er aktualisiert es als Existenz. Solange es den Akt des Seins nicht empfängt, ist das Wesen in Potenz in Bezug auf die Existenz.

45-Was meinen wir, wenn wir behaupten, dass ein Seiendes aus Wesen und Sein zusammengesetzt ist?

Wir meinen damit, dass dieses Seiende nicht Gott ist, der äußerst einfach ist, ohne jede Art von Zusammensetzung.

46-Was ist Existenz?

Es ist die Tatsache der Existenz. Sie ist die Folge des *actus essendi*. Sie ist nicht der *actus essendi*.

47-Verwendete Thomas von Aquin den Begriff "Existenz"?

Thomas von Aquin verwendete den Begriff "Existenz" *(existentia)* selten, um auf das Sein zu verweisen. Stattdessen verwendete er das Verb *esse* oder das Substantiv *actus essendi*.

48-Wie können wir *esse* oder *actus essendi* definieren?

Es ist ein Akt, der die Existenz verleiht, der das Seiende in die außerweltliche Wirklichkeit stellt, der dem Seienden die Fülle des Seins verleiht. Nur so verstanden können wir von *esse* oder *actus essendi* als Existenz sprechen.

49-Wie hängen essentia und esse zusammen?

Die *essentia* ist in Akt im Seienden, in der formalen Ordnung. Aber sie ist in Potenz, das *esse* im existenziellen Bereich zu empfangen. Das *esse* ist immer in Akt. Die *essentia* empfängt das *esse* und begrenzt und vervollkommnet es dadurch. *Essentia* und *esse* verhalten sich zueinander wie Akt und Potenz, aber nicht in der Weise, wie sich Materie und Form zueinander verhalten. *Essentia* und *esse* stehen in den Seienden nicht als zwei Seiende in Beziehung, die sich vereinen, um sie zu konstituieren, sondern als zwei Prinzipien, die sie zusammensetzen. Das *esse* ist der letzte Akt, der das Seiende als Seiendes aktualisiert und nicht nur als bloße existenzielle Möglichkeit.

50-Was sagt die Thomistische These VII?

Sie besagt wörtlich: *Ein geistiges Geschöpf ist in seiner Wesenheit völlig einfach. Aber es verbleibt in ihm eine zweifache Zusammensetzung: der Wesenheit mit dem Sein und der Substanz mit den Akzidenzien.*

51-Ist die Existenz ein Seiendes?

Die Existenz ist kein Seiendes. Wenn wir sie als esse oder *actus essendi* oder Akt des Seins oder Existieren verstehen, ist die Existenz ein Prinzip. Abgesehen davon verstehen wir die Existenz als Tatsache: die Konsequenz des *esse* oder *actus essendi* in Verbindung mit der *essentia*.

52-Wie setzt sich die Substanz zusammen?

Zusammengesetzte Substanzen bestehen aus Materie und Form, Wesen und Existenz, Akt und Potenz. Einfache Substanzen -nur Engel und die menschliche Seele- bestehen aus Form und Existenz, Akt und Potenz. Gott hat keine Zusammensetzung.

53-Woher stammen die Vollkommenheiten des Seiendes?

Die Vollkommenheiten des Seiendes stammen alle aus dem *esse*, nicht aus der Wesen. Das esse ist die höchste Vollkommenheit. Es ist keine zusätzliche Vollkommenheit, die zu anderen Vollkommenheiten der Wesen hinzukommt. Daher können wir sagen, dass das Wesen Gottes sein *esse* ist.

54-Wie ist die Beziehung zwischen *essentia* und *actus essendi* aus der Perspektive von Akt und Potenz?

Die Beziehung zwischen *essentia* und *actus essendi*, wenn man sie aus der Perspektive von Potenz und Akt betrachtet, ist analog zur Beziehung zwischen Materie und Form. Es ist analog, aber nicht identisch.

55-Wie betrachten wir das Seiende von der *essentia* und vom *actus essendi* aus?

Die *essentia* ermöglicht es uns, das Seiende in dem zu schätzen, was es ist *(id quod est)*, und der *actus essendi* ermöglicht es uns, das zu schätzen, was es ist *(id quo est)*. Die *essentia* informiert uns darüber, dass die Substanz ein Tisch, ein Stuhl oder ein Bleistift ist. Das Existieren informiert uns darüber, dass der Tisch, der Stuhl oder der Bleistift in der konkreten Realität existiert.

56-Welche Art von Potenz führte Sankt Thomas ein?

Sankt Thomas führte eine neue Art von Potenz in die Betrachtung des Seiendes ein, die *potentia essendi*, die sich von der substantiellen Potenz des Aristoteles unterscheidet, die die *materia prima* ist.

57-Was ist die *potentia essendi*?

Die *potentia Essendi* ist die Substanz, sei es materiell oder immateriell, die einen bestimmten Grad an formaler Aktualität aufweist. An sich selbst ist sie Akt, aber gegenüber dem *actus essendi* verhält sie sich wie Potenz. Tatsächlich steht sie in Potenz zur Existenz.

58-Was ist die reale Unterscheidung?

Wenn sie auf die Beziehung zwischen *essentia* und *esse* angewandt wird, zeigt die reale Unterscheidung an, dass die *essentia* das *esse* als einen äußeren und von ihr selbst verschiedenen Akt empfängt. Wenn sie es von sich selbst aus empfangen würde und ihr eigenes Akt von Existieren wäre, gäbe es eine Unterscheidung des Grundes oder der Logik.

59-Was sagte Sankt Thomas von Aquin zur realen Unterscheidung?

Sankt Thomas von Aquin hat seine Wahl für die reale Unterscheidung nicht ausdrücklich und formell festgelegt. Er erwähnt den Begriff nicht einmal.

60-Hat Sankt Thomas die wirkliche Unterscheidung zwischen dem, was die Seienden sind *(id quod est)*, und dem, durch das sie sind *(id quo est)*, gelehrt?

Die Antwort muss bejaht werden, und das aus mindestens zwei Gründen: 1-Die historischen Dokumente, die dies bezeugen. 2-Die Werke des Engelhaften selbst..

61-Wie sind die *essentia* und das *esse* in der Realität?

Wesen und Existenz sind absolut unfähig, ohne einander in der Realität zu existieren. Sie sind nicht isoliert. Das Seiende ist das Seiende, das sie zusammensetzen. Es sind zwei korrelative Prinzipien.

62-Wie wirkt die Form im thomistischen Schema von *essentia-esse*?

Sowohl in einfachen als auch in zusammengesetzten Substanzen verleiht die Form der Substanz das Sein. Wo es Form gibt, gibt es Sein. Es gibt jedoch einen Unterschied.

63-Welchen Unterschied gibt es?

In zusammengesetzten Substanzen verleiht die Form das Sein in ihrer eigenen Ordnung, der formalen. Die Form ist nicht die effiziente Ursache, sondern die formale Ursache des Seins in zusammengesetzten Substanzen. In einfachen Substanzen ist die Form die Wesen. Unabhängig von der Materie erhalten sie ihr Sein direkt von der Form. Die Form ist die formale und effiziente Ursache des Seins in einfachen Substanzen.

64-Was ist der Unterschied zwischen formalem Sein und *esse*?

Das formale Sein setzt mit der Materie das Wesen der zusammengesetzten Substanzen zusammen. Und gibt es direkt an einfache Substanzen weiter. Wir befinden uns in der formalen Ordnung. Es ist die Ordnung aller Seienden, auch der Seienden der Vernunft. Das *esse* gibt der Substanz, sei es zusammengesetzt oder einfach, existenzielles Sein. Wir befinden uns in der existenziellen Ordnung. Durch den Akt des Seins oder des Existierens, *actus essendi*, wird das Seiende in die konkrete Realität der Dinge gesetzt. Hier ist kein Platz für Seiende der Vernunft.

65-Was ist die formale Ursache der Form?

Die Form wird nicht von einer anderen Form in ihren Akt der Form gesetzt. Sie hat keine formale Ursache für ihr formales Sein. Sie ist in der formalen Ordnung höchst.

66-Was braucht das Seiende, um zu existieren?

Um zu existieren, das heißt, um in seiner Fülle zu sein, muss das Seiende oder die Substanz das *esse* oder den *actus essendi* empfangen. Tatsächlich hat es das Potenzial, es zu empfangen. Die Form kann dem Seienden nicht das *esse* geben. Sie kann auch keine Ursache für ihr eigenes Existieren sein. Sie muss das *esse* von außen empfangen. Von der existenziellen Ordnung. Das *esse* ist keine Form. Es ist ein existenzieller Akt. Es ist niemals im Potenzial.

67-Was ist das *esse* für Sankt Thomas?

Das *esse* ist für Sankt Thomas das Innerste und Eigenste eines Seienden.

68-Wie werden im existenziellen Bereich zwei oder mehr Seiende, die dieselbe Wesen haben, real gesetzt?

Jedes von ihnen muss durch seinen eigenen *actus essendi* in die existenzielle Ordnung gesetzt werden. Dies unterscheidet ein Seiendes von einem anderen mit derselben Wesen. Daher sagt Gilson, dass die Unterscheidung und Zusammensetzung von *esse* und *essentia* genauso real ist wie die, die ein wirklich existierendes Seiendes von einem anderen wirklich existierenden Seienden unterscheidet.

69-Wie ist der Gott von Aristoteles?

Der Erste unbewegliche Beweger erklärt die Ursache der Bewegung und die formale Ursache der Substanzen. Dieser Gott von Aristoteles hat keinen *actus essendi*, der den Substanzen bereits formal gebildet das Sein verleiht. Er kann keine Ursache für ein anderes Sein sein als das Sein der Substanz, aufgrund dessen ein Seins ist, was es ist.

70-Welche charakteristische Figur erscheint in der thomistischen Metaphysik?

Die Figur der Schöpfung erscheint.

71-Was ist die thomistische Vorstellung von Schöpfung nach Étienne Gilson?

Die Schöpfung ist die Art und Weise, in der alles Sein von seiner universellen Ursache, Gott, ausgeht. Schöpfung bedeutet: 1-der Akt, durch den Gott erschafft. Oder 2-das Ergebnis dieses Aktes, d.h. seine Schöpfung. Die Schöpfung ist Gottes eigene Handlung und ihre Wirkung ist die Existenz. Schaffen bedeutet, die Existenz von Dingen zu verursachen oder hervorzubringen.

72-Was ist Gott?

Gott ist das Sein an sich selbst. Sein Sein ist seine Existenz. Er hat keine Zusammensetzung. Er ist der einzige Notwendige; außerhalb von ihm ist alles kontingent. Als reiner Akt ist er die Erste Ursache alles Existierenden. Er ist kein Seiende.

ENDNOTEN

[1]Siehe GARDEIL H.D. *Iniciación a la Filosofía de Santo Tomás de Aquino. 4-Metafísica*. Editorial Tradición. México. 1974. Seite 153.

[2]Siehe COPLESTON FREDERICK C. *El pensamiento de Santo Tomás*. Traducción de Elsa Cecilia Frost. Fondo de Cultura Económica. México-Buenos Aires. 1960. Seite 11.

[3]DE AQUINO TOMÁS. *De ente et essentia. Sobre el ente y la esencia*. Traducción, introducciones, mapa y notas a cargo de los profesores de la Facultad de Filosofía de la UPAEP. Jorge Medina Delgadillo. Livia Bastos Andrade. José Martín Castro Manzano. Roberto Casales García. Paniel Reyes Cárdenas. Rubén Sánchez Muñoz. EDUSC. Roma. 2019. Seite 6.

[4]CHENU MARIE DOMINIQUE.*Introduction l'étude de saint Thomas d'Aquin*. Montreal-París. 1984. Seite 280.

[5]MANSER GALLUS. *La esencia del Tomismo*. Traducción de la segunda edición alemana. Madrid. 1947. Seite 467.

[6]GARDEIL H.D. *Iniciación a la Filosofía de Santo Tomás de Aquino. 4-Metafísica*. Editorial Tradición. México. 1974. Seite 207.

[7]FERRATER MORA JOSE. *Diccionario de Filosofía. Tomo I*. Konsultierter Artikel: "Definición". Editorial Sudamericana. Buenos Aires. Quinta Edición. Seite 419.

[8]ECHAURI RAUL. *Esencia y existencia en Aristóteles*. Universidad de Navarra. Anuario filosófico. Volumen 8. 1975. Seiten 117-129.

[9]COPLESTON FREDERICK. *Historia de la Filosofía. Tomo I. Grecia y Roma*. Editorial Ariel. Barcelona. 1994. Seite 267.

[10]COPLESTON FREDERICK. *Historia de la Filosofía. Tomo I. Grecia y Roma*. Editorial Ariel. Barcelona. 1994. Seite 267.

[11]ECHAURI RAUL. *Esencia y existencia en Aristóteles*. Universidad de Navarra. Anuario filosófico. Volumen 8. 1975. Seiten 117-129.

[12]FERRATER MORA JOSE. *Diccionario de Filosofía. Tomo I*. Konsultierter Artikel: "Aristóteles". Editorial Sudamericana. Buenos Aires. Quinta Edición. Seiten 131-132.

[13]ECHAURI RAUL. *Esencia y existencia en Aristóteles*. Universidad de Navarra. Anuario filosófico. Volumen 8. 1975. Seiten 117-129.

[14]MAS HERRERA OSCAR. *La esencia y la existencia: Santo Tomás y Francisco Suárez*. Revista Filosofía de la Universidad de Costa Rica. Nº 91. Volumen XXXVII. 1999. Seiten 115-122.

[15]MOYA OBRADORS PEDRO JAVIER. *El ser en Santo Tomás de Aquino según Etienne Gilson*. Revista Anales de Filosofía. Volumen IV. 1986. Seiten 175-186.

[16]MAS HERRERA OSCAR. *La esencia y la existencia: Santo Tomás y Francisco Suárez*. Revista Filosofía de la Universidad de Costa Rica. Nº 91. Volumen XXXVII. 1999. Seiten 115-122.

[17]BORJA MARTÍNEZ SAN JOSÉ. *Introducción al pensamiento árabe y hebreo en el Medioevo*. Trabajo de final de grado en Humanidades: estudios interculturales. Universitat Jaume I. Valencia. 2015. Seite 27.

[18]FERRATER MORA JOSE. *Diccionario de Filosofía. Tomo I*. Konsultierter Artikel: "Alfarabi". Editorial Sudamericana. Buenos Aires. Quinta Edición. Seite 71.

[19]COPLESTON FREDERICK. *Historia de la Filosofía. Tomo II. De San Agustín a Escoto*. Editorial Ariel. Barcelona. 1994. Seite 159.

[20]BORJA MARTÍNEZ SAN JOSÉ. *Introducción al pensamiento árabe y hebreo en el Medioevo*. Trabajo de final de grado en Humanidades: estudios interculturales. Universitat Jaume I. Valencia. 2015. Siete 27. Wiedergabe eines Zitats von Professor Joseph-Ignaci Saranyana.

[21]FERRATER MORA JOSE. *Diccionario de Filosofía. Tomo I*. Konsultierter Artikel: "Avicenismo". Editorial Sudamericana. Buenos Aires. Quinta Edición. Seiten 166-167.

[22]COPLESTON FREDERICK. *Historia de la Filosofía. Tomo II. De San Agustín a Escoto*. Editorial Ariel. Barcelona. 1994. Seiten 160-161.

[23]COPLESTON FREDERICK. *Historia de la Filosofía. Tomo II. De San Agustín a Escoto*. Editorial Ariel. Barcelona. 1994. Seite 161.

[24]BORJA MARTÍNEZ SAN JOSÉ. *Introducción al pensamiento árabe y hebreo en el Medioevo*. Trabajo de final de grado en Humanidades: estudios interculturales. Universitat Jaume I. Valencia. 2015. Seite 30.

[25]MAS HERRERA OSCAR. *La esencia y la existencia: Santo Tomás y Francisco Suárez*. Revista Filosofía de la Universidad de Costa Rica. Nº 91. Volumen XXXVII. 1999. Seiten 115-122.

[26]COPLESTON FREDERICK. *Historia de la Filosofía. Tomo II. De San Agustín a Escoto*. Editorial Ariel. Barcelona. 1994. Seite 161.

[27]COPLESTON FREDERICK. *Historia de la Filosofía. Tomo II. De San Agustín a Escoto*. Editorial Ariel. Barcelona. 1994. Seite 166.

[28]COPLESTON FREDERICK. *Historia de la Filosofía. Tomo II. De San Agustín a Escoto*. Editorial Ariel. Barcelona. 1994. Seite 166.

[29]BEUCHOT MAURICIO. *Metafísica: la ontología aristotélico-tomista de Francisco de Araujo*. Universidad Nacional Autónoma de México. México DF. 1987. Seite 221.

[30]DE AQUINO TOMÁS. *De ente et essentia. Sobre el ente y la esencia*. Traducción, etc. Entspricht Zitat Nr. 3. Seite 11.

[31]DE AQUINO TOMÁS. *De ente et essentia. Sobre el ente y la esencia*.

Traducción, etc. Entspricht Zitat Nr. 3. Seite 11.

[32]AQUINAS, THOMAS. *Questiones Disputatae de Veritate*. Translated by Robert W. Mulligan, S.J. Chicago: Henry Regnery Company, 1952. Html edition by Joseph Kenny, O.P. Latin-Enghish. Q.1 a.1 Resp. https://isidore.co/aquinas/QDdeVer.htm.

[33]AQUINAS, ST. THOMAS. *The Summa Theologica*. Translated by Fathers of the English Dominican Province. Benziger Bros. Edition. 1947. I, q.5 a.2 Resp. https://isidore.co/aquinas/summa/index.html.

[34]GILSON ETIENNE. *Elementos de una metafísica tomista del ser.* traducido por Pedro Javier Moya Obradors. Espíritu. Nr. 41. 1192. Seiten 5-38.

[35]Erwähnt wird die Metaphysik, Buch V, Kapitel 9, 1017a 22-35.

[36]DE AQUINO TOMÁS. *De ente et essentia. Sobre el ente y la esencia.* Traducción, etc. Entspricht Zitat Nr. 3. Seite 12.

[37]Er bezieht sich auf Aristoteles in *Analytica Posteriora* II 4 6 (91a25) und Metaphysik VII 3 6 (1028b34 1032a29).

[38]DE AQUINO TOMÁS. *De ente et essentia. Sobre el ente y la esencia.* Traducción, etc. Entspricht Zitat Nr. 3. Seite 12.

[39]GILSON ETIENNE. *Elementos de una metafísica tomista del ser.* traducido por Pedro Javier Moya Obradors. Espíritu. Nr. 41. 1192. Seiten 5-38.

[40]DE AQUINO TOMÁS. *De ente et essentia. Sobre el ente y la esencia.* Traducción, etc. Nota 15. Entspricht Zitat Nr. 3. Seiten 12-13.

[41]DE AQUINO TOMÁS. *De ente et essentia. Sobre el ente y la esencia.* Traducción, etc. Nota 15. Entspricht Zitat Nr. 3. Seite 16.

[42]DE AQUINO TOMÁS. *De ente et essentia. Sobre el ente y la esencia.* Traducción, etc. Entspricht Zitat Nr. 3. Seiten 17-18.

[43]Siehe DE AQUINO TOMÁS. *De ente et essentia. Sobre el ente y la esencia.* Traducción, etc. Nota 25. Entspricht Zitat Nr. 3. Seite 17.

[44]HUGON EDUARDO. *Principios de Filosofía. Las Veinticuatro Tesis Tomistas.* BAF Ediciones. Editorial Poblet. Buenos Aires. 1940. Seite 46.

[45]DE AQUINO TOMÁS. *De ente et essentia. Sobre el ente y la esencia.* Traducción, etc. Entspricht Zitat Nr. 3. Seite 18.

[46]DE AQUINO TOMÁS. *De ente et essentia. Sobre el ente y la esencia.* Traducción, etc. Entspricht Zitat Nr. 3. Seite 34.

[47]Bezieht sich auf das folgende Zitat aus dem fälschlicherweise Proklos zugeschriebenen Werk mit dem Titel *Über die Ursachen* oder *Buch der Ursachen* oder *Liber de Causis* oder *De causis*, Satz 9 (Herausgegeben von H. D. Saffrey, S. 57b; Pattin '90).

[48]DE AQUINO TOMÁS. *De ente et essentia. Sobre el ente y la esencia.*

Traducción, etc. Entspricht Zitat Nr. 3. Seite 35.

[49]DE AQUINO TOMÁS. *De ente et essentia. Sobre el ente y la esencia.* Traducción, etc. Entspricht Zitat Nr. 3. Seite 42.

[50]DE AQUINO TOMÁS. *De ente et essentia. Sobre el ente y la esencia.* Traducción, etc. Entspricht Zitat Nr. 3. Seite 44.

[51]DE AQUINO TOMÁS. *De ente et essentia. Sobre el ente y la esencia.* Traducción, etc. Entspricht Zitat Nr. 3. Seite 44.

[52]DE AQUINO TOMÁS. *De ente et essentia. Sobre el ente y la esencia.* Traducción, etc. Entspricht Zitat Nr. 3. Seite 49.

[53]DE AQUINO TOMÁS. *De ente et essentia. Sobre el ente y la esencia.* Traducción, etc. Entspricht Zitat Nr. 3. Seite 50.

[54]DE AQUINO TOMÁS. *De ente et essentia. Sobre el ente y la esencia.* Traducción, etc. Entspricht Zitat Nr. 3. Seite 52.

[55]Der angesehene Thomist Pater Cornelio Fabro nennt den *Actus essendi, esse* **intensiv**. Aber das Konzept ist dasselbe.

[56]GILSON ETIENNE. *Elementos de una metafísica tomista del ser.* traducido por Pedro Javier Moya Obradors. Espíritu. Nr. 41. 1192. Seiten 5-38.

[57]FORMENT GIRALT EUDALDO. *El "Esse" en Santo Tomás.* Revista Espíritu. N° XXXII. 1983. Seiten 59-70.

[58]GILSON ETIENNE. *Elementos de una metafísica tomista del ser.* traducido por Pedro Javier Moya Obradors. Espíritu. Nr. 41. 1192. Seiten 5-38.

[59]AQUINAS THOMAS. *Summa contra Gentiles.* Latin & English. Translated by Anton C. Pegis. New York: Hanover House, 1955-57.Edited, with English, especially Scriptural references, updated by Joseph Kenny, O.P. Der Originaltext auf Latein lautet: *Esse actum quendam nominat: non enim dicitur esse aliquid ex hoc quod est in potentia, sed ex eo quod est in actu. Omne autem cui convenit actus aliquis diversum ab eo existens, se habet ad ipsum ut potentia ad actum: actus enim et potentia ad se invicem dicuntur.* https://isidore.co/aquinas/ContraGentiles.htm.

[60]DE AQUINO TOMÁS. *De ente et essentia. Sobre el ente y la esencia.* Traducción, etc. Entspricht Zitat Nr. 3. Seite 37.

[61]GILSON ETIENNE. *Elementos de una metafísica tomista del ser.* traducido por Pedro Javier Moya Obradors. Espíritu. Nr. 41. 1192. Seiten 5-38.

[62]Siehe GARDEIL H.D. *Iniciación a la Filosofía de Santo Tomás de Aquino. 4-Metafísica.* Editorial Tradición. México. 1974. Seite 33.

[63]COPLESTON FREDERICK C. *El pensamiento de Santo Tomás.* Traducción de Elsa Cecilia Frost. Fondo de Cultura Económica. México-

Buenos Aires. 1960. Seite 108.

[64]GILSON ETIENNE. *Elementos de una metafísica tomista del ser.* traducido por Pedro Javier Moya Obradors. Espíritu. Nr. 41. 1192. Seiten 5-38.

[65]MAS HERRERA OSCAR. *La esencia y la existencia: Santo Tomás y Francisco Suárez.* Revista Filosofía de la Universidad de Costa Rica. N° 91. Volumen XXXVII. 1999. Seiten 115-122.

[66]GARDEIL H.D. *Iniciación a la Filosofía de Santo Tomás de Aquino. 4-Metafísica.* Editorial Tradición. México. 1974. Seite 34.

[67]GARDEIL H.D. *Iniciación a la Filosofía de Santo Tomás de Aquino. 4-Metafísica.* Editorial Tradición. México. 1974. Seite 34.

[68]COPLESTON FREDERICK C. *El pensamiento de Santo Tomás.* Traducción de Elsa Cecilia Frost. Fondo de Cultura Económica. México-Buenos Aires. 1960. Seite 110.

[69]GARDEIL H.D. *Iniciación a la Filosofía de Santo Tomás de Aquino. 4-Metafísica.* Editorial Tradición. México. 1974. Seite 47.

[70]GILSON ETIENNE. *El Tomismo. Introducción a la filosofía de Santo Tomás de Aquino.* EUNSA. Pamplona. 1978. Seite 251.

[71]GILSON ETIENNE. *El Tomismo. Introducción a la filosofía de Santo Tomás de Aquino.* EUNSA. Pamplona. 1978. Seite 250.

[72]FORMENT GIRALT EUDALDO. *El "Esse" en Santo Tomás.* Revista Espíritu. N° XXXII. 1983. Seiten 59-70.

[73]Siehe FORMENT GIRALT EUDALDO. *El "Esse" en Santo Tomás.* Revista Espíritu. N° XXXII. 1983. Seiten 59-70.

[74]FORMENT GIRALT EUDALDO. *El "Esse" en Santo Tomás.* Revista Espíritu. N° XXXII. 1983. Seiten 59-70.

[75]Siehe HERRERA JUAN JOSE. (2015). *El actus essendi en Tomás de Aquino. Distinción, evolución y síntesis personal.* En: L. B. Irizar, T. Saeteros (dirs.). *La fascinación de ser metafísico, Tributo al magisterio de Lawrence Dewan.* Bogotá. Universidad Sergio Arboleda. Universidad del Norte Santo Tomás de Aquino. 2015. Seiten 55-90.

[76]COPLESTON FREDERICK C. *El pensamiento de Santo Tomás.* Traducción de Elsa Cecilia Frost. Fondo de Cultura Económica. México-Buenos Aires. 1960. Seite 112.

[77]FERRATER MORA JOSE. *Diccionario de Filosofía. Tomo I.* Artículo consultado: "Distinción real". Editorial Sudamericana. Buenos Aires. Quinta Edición. Seite 476.

[78]GARDEIL H.D. *Iniciación a la Filosofía de Santo Tomás de Aquino. 4-Metafísica.* Editorial Tradición. México. 1974. Seite 129.

[79]GARDEIL H.D. *Iniciación a la Filosofía de Santo Tomás de Aquino. 4-*

Metafísica. Editorial Tradición. México. 1974. Seite 131.

[80]PIRONIO EDUARDO F. *El problema de la distinción real entre esencia y existencia de Santo Tomás de Aquino*. Revista Universidad Católica Bolivariana. Abril-Julio de 1942. Medellín (Colombia). Seiten 308-327.

[81]GARDEIL H.D. *Iniciación a la Filosofía de Santo Tomás de Aquino. 4-Metafísica*. Editorial Tradición. México. 1974. Seite 131.

[82]Siehe PIRONIO EDUARDO F. *El problema de la distinción real entre esencia y existencia de Santo Tomás de Aquino*. Revista Universidad Católica Bolivariana. Abril-Julio de 1942. Medellín (Colombia). Seiten 308-327.

[83]HUGON EDUARDO. *Principios de Filosofía. Las Veinticuatro Tesis Tomistas*. BAF Ediciones. Editorial Poblet. Buenos Aires. 1940. Seite 15.

[84]PIRONIO EDUARDO F. *El problema de la distinción real entre esencia y existencia de Santo Tomás de Aquino*. Revista Universidad Católica Bolivariana. Abril-Julio de 1942. Medellín (Colombia). Seiten 308-327.

[85]Siehe PIRONIO EDUARDO F. *El problema de la distinción real entre esencia y existencia de Santo Tomás de Aquino*. Revista Universidad Católica Bolivariana. Abril-Julio de 1942. Medellín (Colombia). Seiten 308-327.

[86]AQUINAS, ST. THOMAS. *The Summa Theologica*. Translated by Fathers of the English Dominican Province. Benziger Bros. Edition. 1947. I, q.50, a.5 Resp. https://isidore.co/aquinas/summa/index.html.

[87]GILSON ETIENNE. *Elementos de una metafísica tomista del ser*. traducido por Pedro Javier Moya Obradors. Espíritu. Nr 41. 1192. Seiten 5-38.

[88]MAS HERRERA OSCAR. *La esencia y la existencia: Santo Tomás y Francisco Suárez*. Revista Filosofía de la Universidad de Costa Rica. Nº 91. Volumen XXXVII. 1999. Seiten 115-122.

[89]Das Wesen ist die Substanz, die definiert werden kann.

[90]GILSON ETIENNE. *La filosofía en la edad media*. Editorial Gredos. Madrid. 1965. Seite 495.

[91]GILSON ETIENNE. *El Ser y la Esencia*. Ediciones Desclée, de Brouwer. Buenos Aires. 1965. Seite 72.

[92]GILSON ETIENNE. *El Tomismo. Introducción a la filosofía de Santo Tomás de Aquino*. Ediciones Desclée, de Brouwer. Buenos Aires. Buenos Aires. 1951. Seite 176.